123！探秘神奇的昆虫世界

小昆虫争霸大世界

林育真　著

山东教育出版社

·济南·

图书在版编目（CIP）数据

小昆虫争霸大世界 / 林育真著 . — 济南 : 山东教育
出版社，2023.10

（123！探秘神奇的昆虫世界）

ISBN 978-7-5701-2573-9

I.①小…　II.①林…　III.①昆虫 – 少儿读物

IV.①Q96-49

中国国家版本馆CIP数据核字（2023）第139428号

XIAO KUNCHONG ZHENGBA DA SHIJIE

小昆虫争霸大世界

林育真　著

主管单位：山东出版传媒股份有限公司

出版发行：山东教育出版社

地址：济南市市中区二环南路2066号4区1号　　邮编：250003

电话：（0531）82092660　　网址：www.sjs.com.cn

印　　刷：济南龙玺印刷有限公司

版　　次：2023年10月第1版

印　　次：2023年10月第1次印刷

印　　数：1—6000

开　　本：889毫米×1240毫米　1/12

印　　张：14.5

字　　数：200千

定　　价：46.00元

（如印装质量有问题，请与印刷厂联系调换）印厂电话：0531-86027518

前 言

大家想了解昆虫吗？那就要进入昆虫的世界。

昆虫起源于4亿多年前，历经亿万年的进化，成为现今地球上最兴旺发达的动物类群。它们起源久远、种类繁多、数量庞大、分布广泛。地球上现存动物物种的三分之二是昆虫，迄今全球已知昆虫种类达到100余万种，而且仍有许多种类尚待发现。昆虫尽管体形小，似乎微不足道，但很多种类昆虫数量众多，其踪迹几乎遍布世界每一个角落，因此它们时常和人类发生种种联系。有理由估计，我们每个人一生可能要面对20万只昆虫。不言而喻，许多种类昆虫与人类社会的生态平衡、物质生产、卫生保健、文化艺术关系密切，人类必须关注、研究、了解昆虫。

当地球陆地尚无任何动物时，昆虫是陆地最早的开拓者，也是地球上第一批飞行家。小小昆虫倚仗无穷变化、万千体态以及无比高超的适应能力，不断繁衍、进化、扩展，成为多样性最强的生命群体。瞧！美到极致的光明女神蝶、金斑喙凤蝶，鲜艳赛过花朵的兰花螳螂，外貌狰狞可怖的鬼王螽斯，形似外星来客的三刺角蝉，世界翅展最宽的蛾——乌桕大蚕蛾，世界最大的蝴蝶——鸟翼凤蝶，体长超过人小臂的中国巨竹节虫，号称"大力神"的长戟大兜虫，身怀化学武器的气步甲，装备臭腺御敌保命的臭蝽，千变万化的拟态奇虫苔藓螳螂，以假乱真的隐身高手枯叶蛱蝶，"生殖狂魔"蚜虫家族……它们构成了一个纷繁复杂、精彩神奇的昆虫世界。它们可以为了生存而分工合作、群体捕食，也能为了争夺食物、抢占地盘、繁衍后代而激烈争斗。无论环境多么恶劣，昆虫自有神奇独特的生存对策；无论天敌多么凶猛强大，小小昆虫都有克敌制胜的法宝。

今天，科学家们运用最新的高科技仪器设备，追踪昆虫、探秘昆虫，将昆虫微细的身体结构、奥妙的生命过程，真实而清晰地呈现在人们的眼前。昆虫种类形态的多样、微观结构的精妙、行为生态的独特，无不显示它们惊人的生存能力，是真正神奇的"小精灵"，值得我们人类好好研究和学习。

本书由20篇可独立成章、分开阅读的昆虫专题构成，每篇围绕一类或一种昆虫的方方面面展开讲解和讨论，让读者认识、了解昆虫世界中一些大名鼎鼎的成员和某些隐秘神奇的代表，包括和人类关系特别密切的重要昆虫。

本书内容丰富，信息量大，知识新颖前沿，附图精美清晰。全书300余幅附图绝大多数为真实的生态摄影图，每幅图均有其知识内涵。本书努力达到图文并茂，以图辅文，以文释图，图文结合紧密。读者只要认真阅读，就能认识一些生活中可能遇到的昆虫，也能科学准确地了解一些昆虫的"底细"，从而更真切地感受到昆虫世界的神奇与奥秘。让我们一起认识昆虫，了解昆虫，探秘神奇的昆虫世界！

目录 Contents

1

"刺客"家族——黄蜂、大黄蜂及熊蜂

图1.1 ‖ 一种黄蜂

黄蜂又叫胡蜂或马蜂,属于膜翅目胡蜂科,全球已知2万多种,是一类分布广泛、种类繁多、飞翔迅速、善于蜇刺的昆虫。黄蜂和大黄蜂的螫针隐藏在腹部尾端内,其内端连接毒囊,毒液含溶血毒和神经毒,杀伤力强,是名震四方的"刺客"家族中的佼佼者。它们的口器也很厉害,上颚粗壮有力。螫针和上颚是黄蜂防卫及攻击的武器(图1.1)。雄蜂无螫针。

黄蜂和大黄蜂有区别吗

黄蜂和大黄蜂都属"刺客"家族,你可能要问,它们有什么区

1

别？其实，大黄蜂是黄蜂的一些地方群，是生活在高度组织化群体中的特殊黄蜂。黄蜂和大黄蜂之间的主要区别在于大小和颜色。大黄蜂比黄蜂大，成体身上有黑、白、棕相间的条纹（图1.2A）。黄蜂的体色和斑纹样式纷繁，多黑、黄、棕色相间，但也有单一体色，具体取决于物种。

世界上有超级大黄蜂吗？有许多实例证明，有些黄蜂个头特别大。体长4厘米的黄蜂就算巨型大黄蜂，其中以东亚巨型大黄蜂最突出，最大个头的体长可能超5厘米，堪称蜂中"巨无霸"。巨型大黄蜂非常凶猛，毒液多，毒性强，它们有一根长毒针。日本巨型大黄蜂（图1.2B）的毒针长达6.35毫米，敏感体质者被它蜇到的话，可能出现心脏骤停或过敏性休克，需要及时救治。

据报道，中国昆虫学家在云南省普洱市市郊探寻到体长超过6厘米的特大黄蜂，刷新了世界上已知的大黄蜂体长纪录。

黄蜂体长约1.5厘米

A

大黄蜂体长约2.5厘米

图1.2　A 欧洲黄蜂与大黄蜂体长比较
　　　　B 正在袭击蜜蜂巢窝的日本大黄蜂

B

黄蜂和蜜蜂的区别

平时常见的蜜蜂，自然也属于"刺客"家族。那么，黄蜂和蜜蜂又有什么区别？

黄蜂和蜜蜂同样属于全变态昆虫，但它们却大不相同，主要区别在于黄蜂比蜜蜂更具攻击性，并且更容易蜇人。众所周知，蜜蜂的毒针上有倒刺，刺敌一次便难以拔出，等于自杀性武器（图1.3A）；而黄蜂的毒针无倒刺，蜇敌后毒针可拔出再次利用，一只黄蜂能对敌连续发动多次袭击（图1.3B）。

图1.3 ‖ A 显微镜下的蜜蜂毒刺

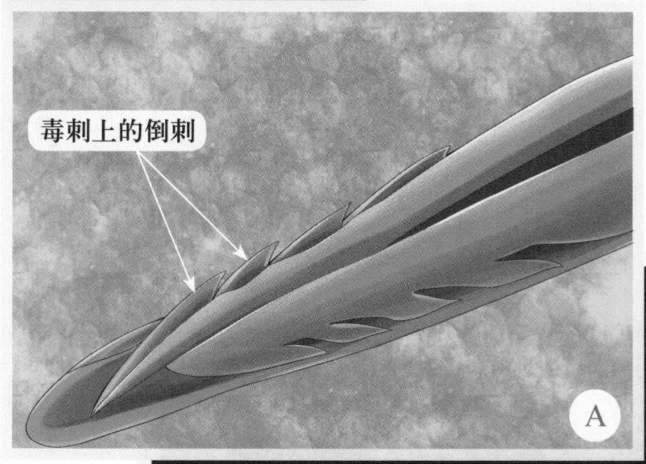

毒刺上的倒刺

A

图1.3 ‖ B 携带毒液的黄蜂毒刺

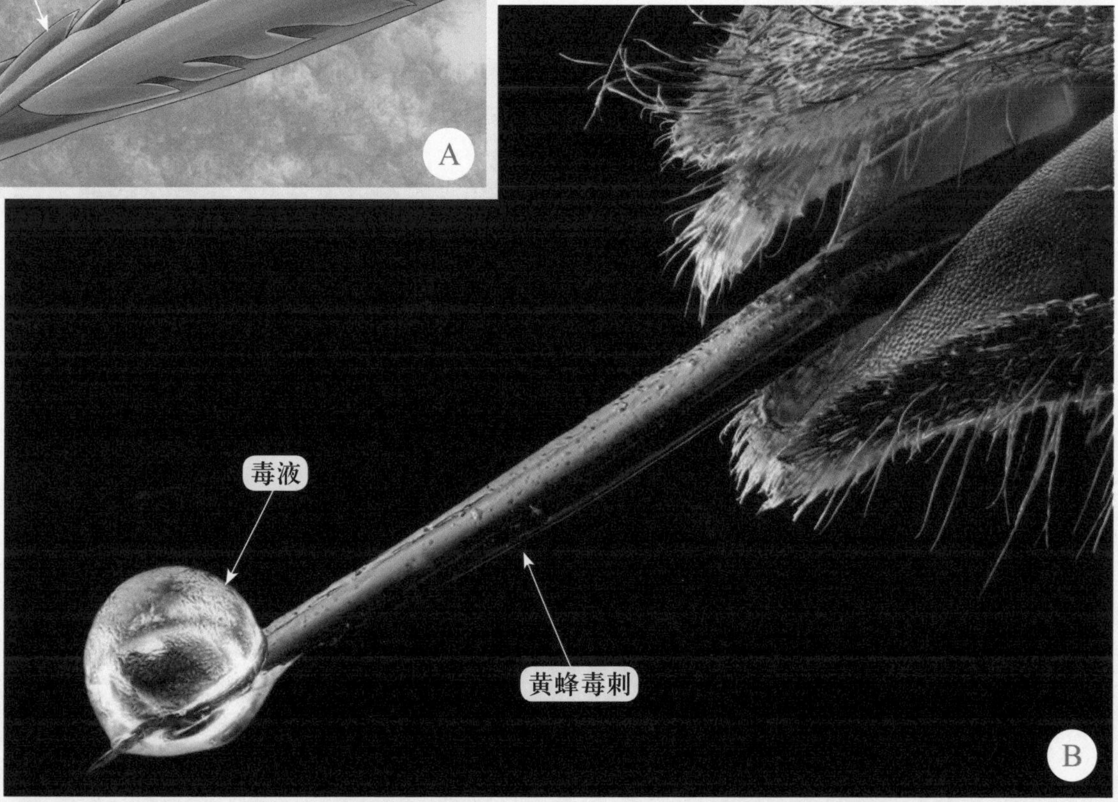

毒液

黄蜂毒刺

B

3

蜜蜂与黄蜂的另一个区别是，蜜蜂能够酿造蜂蜜，而黄蜂虽然也采花吃花蜜，却没有酿造蜂蜜的习性，它们缺乏将花蜜加工成蜂蜜的能力。这并不是说黄蜂不喜欢蜂蜜。某些情况下，黄蜂会从蜜蜂巢中大量偷取蜂蜜。黄蜂和蜜蜂两者的其他显著差异是体长和大小。蜜蜂的身体结实、多毛，而黄蜂的身体细长，"腰部"较细。

黄蜂吃什么

很难对黄蜂的食性给出笼统的答案，种类不同，食性就有差异。通常，花园中的黄蜂会以花粉、水果、昆虫、蜜糖等为食（图1.4A），但有些类群的黄蜂爱吃死尸腐肉，经常寻找死昆虫津津有味地享用。多数种类黄蜂独栖生活，但有些种类过群体生活。胡蜂就是社会性群居黄蜂类的代表，成虫以花粉花蜜为食，幼虫靠母蜂捕捉带回巢的肉食喂养长大。

一般来说，黄蜂饿了，会飞到花丛中采食花粉和花蜜，但黄蜂不像蜜蜂，它们没有采粉足，更不会携带花粉回巢。肉食性的黄蜂和大黄蜂常常成为蝇类、蜜蜂、毛虫等昆虫的杀手（图1.4B、C）。

图1.4　A　采食花蜜的大黄蜂
　　　　B　捕蝉吃的大黄蜂
　　　　C　大黄蜂捕虫

哪种蜂给无花果传粉

民间流传"每颗无花果内都有一只死黄蜂",这种说法不是真的。之所以会有这样的传说,是因为无花果并非真的无花,它的花藏在果实里面,需要特定种类的蜂钻入授粉,才能结出种子。能给无花果传粉的不是黄蜂,而是榕小蜂(图1.5A),它和无花果是互利共生的关系。无花果给榕小蜂提供安全的生活环境,而榕小蜂帮助无花果传粉。榕小蜂身微体小,体长2—3毫米,它可以通过无花果花托顶端的小孔钻入果内吸食花蜜并产卵。有些小蜂死在无花果腔内,但不必担心,无花果发育过程中会产生酶,把死去的榕小蜂消化、吸收,转化为植物蛋白(图1.5B,C)。

图1.5
A 榕小蜂
B 每种无花果有特定的榕小蜂传粉
C 甜蜜可口的无花果

黄蜂会给植物授粉吗

总体来说，黄蜂虽然是蜜蜂的近亲，但不被认为是花草树木的传粉者。因为黄蜂身上缺少能粘住和携带花粉的体毛，不能有效地把花粉从一朵花传送到另一朵花。但是，有一些例外，例如欧洲的德国黄蜂、英国黄蜂等是潜在的有效传粉媒介，它们会给大叶火烧兰授粉。研究人员发现，这种兰花会释放一种味同毛虫的化学气味，引诱被称为"传粉黄蜂"的昆虫飞到它们的花朵上。

传粉高手——熊蜂

大多数种类黄蜂是天然捕食者，母黄蜂通常捉住并吸食毛虫肉质汁液喂养刚孵化的幼蜂。作为植物传粉媒介，黄蜂无法和蜜蜂相比。但在"刺客"家族中有一类传粉高手，它就是蜜蜂的近亲——熊蜂（图1.6A，B）。

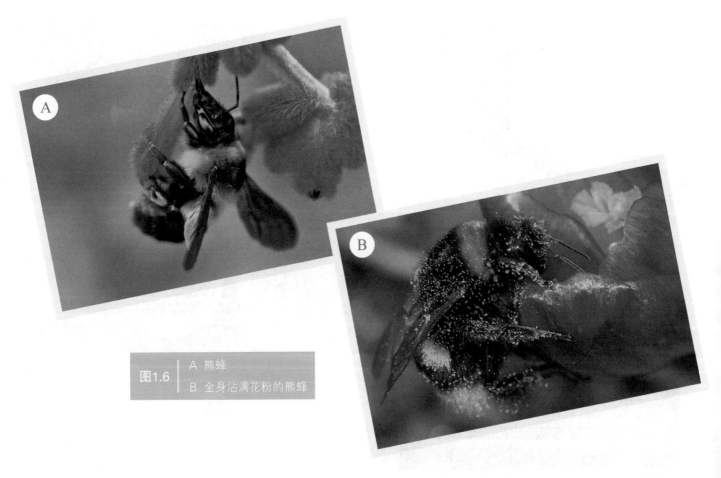

图1.6　A　熊蜂
　　　　 B　全身沾满花粉的熊蜂

熊蜂全球约500种，体长1.5—2.5厘米，与一般黄蜂大小相近，常被误认为是黄蜂。其实，熊蜂看起来身体毛茸茸的，胸、腹部密生长毛，因此叫作熊蜂。它的口器（吻部）较长，有利于伸入一些深冠管花朵内采蜜、传粉。

野生熊蜂生活在温带、亚寒带，喜欢凉爽湿润的环境。人工养殖的熊蜂同样对低温、高湿的适应能力强，能高效地给秋、冬季及早春大棚蔬菜授粉。那么，野生熊蜂怎样度过天寒地冻的严冬？

野生黄蜂和熊蜂怎样越冬

经过长期演化，黄蜂和熊蜂都形成了适应各自环境的越冬模式。

▲黄蜂越冬：生活在热带、亚热带的黄蜂不存在越冬困难。温带地区的黄蜂在头年秋后雌雄蜂交配后，雄蜂死亡，雌性准蜂王寻找避风场所抱团越冬，进入半冬眠状态，第二年春暖散团，分别建巢产卵，扩大蜂群（图1.7A）。

▲熊蜂越冬：夏末秋初气候转凉，蜂王开始产雌雄有性蜂卵，孵化、长大、成熟的雌雄熊蜂离巢配对，雄蜂及原蜂巢的工蜂、老蜂王随气候变冷而自然死亡，蜂群解体。已交配的雌熊蜂准蜂王体内贮存足够脂肪，找到土壤松软或有茅草覆盖的适宜地点，进入冬眠状态。它的血淋巴含有能防冻的醇类，可在几个月长的冬眠期内使身体免受冻害。待到次年春天，冰雪消融，冬眠的雌熊蜂准蜂王苏醒，它的新生活开始了，它急不可待地攀上春季的花丛吃起花粉和花蜜（图1.7B）。

图1.7　A 冬眠醒来的黄蜂准蜂王
　　　　B 冬眠醒来的熊蜂准蜂王

野生熊蜂怎样建立新群

冬眠醒来的雌熊蜂孤零零的，没有队伍，这时它只能算是准蜂王。获得了阳光的温暖，吸饱了早春花朵的蜜汁，它便能四处飞翔。它体内受孕的卵开始萌动，似乎在催促这只准蜂王，该准备产卵的巢窝了。熊蜂在地下、地面都可建巢，废弃的鼠洞是安全处所。有了家了，准蜂王每天外出采集花粉花蜜（图1.8A）存储备用。

准蜂王会接着从腹部分泌蜂蜡，加工做成一个个蜡杯，然后在蜡杯里产卵，产卵后再分泌蜂蜡，封盖蜡杯（蜂房）保护后代安全生长。母熊蜂是慈爱的妈妈，极其细心照管每粒卵，趴在卵团上给卵加温。经过20多天，卵孵化为幼虫、幼虫化蛹，最后成体熊蜂破蛹而出（图1.8B）。建立了群体的母蜂此时成为真正的蜂王。到了夏天，这个熊蜂部落的成员可能增至500只。

图1.8 | A 熊蜂勤劳访花采蜜
　　　 B 又一批工蜂出生了

"刺客"家族也有天敌

熊蜂虽然是"刺客"家族成员，但它们的毒刺毒性不强，而其天敌比它们凶猛。狼蛛、螳螂（图1.9A）、蜥蜴等都能捕食它们。善捕飞行昆虫的蜂虎鸟是黄蜂、熊蜂的克星，当它尖长的喙夹住蜂类，它会灵巧地挤出蜂类的毒刺，然后美美地吞食肉体（图1.9B）。熊蜂还有更厉害的天敌——棕熊，一旦它闻到熊蜂巢窝的香甜气味，便凶狠地用它的大爪子刨开熊蜂巢穴，生吞活食蜂巢和幼蜂，工蜂只能弃巢而逃。

图1.9 | A 螳螂捕食黄蜂
B 蜂虎鸟捕蜂"口"到擒来

勤劳的熊蜂会成为家养昆虫吗

几千年来人类不断饲养蜜蜂，我们可以看到，在各地的人工蜂箱忙碌进出的净是蜜蜂。到了21世纪，才有熊蜂飞出人工蜂箱，这标志着人工养殖、增殖某些种类熊蜂技术的突破及发展。例如比利时、荷兰建立的熊蜂人工繁育基地，每年提供给一些大型园艺公司上百万个便携式熊蜂蜂箱，使得欧洲等地无数农作物得以成功授粉。

今天，熊蜂完全能够在受人控制的环境下繁育、生长、成熟，然后释放到农田、果园。熊蜂每天可工作18小时，给1000朵花授粉，已经成为人类的好帮手，是人见人爱的新种类家养昆虫。

世界上最厉害的毒蜂——沙漠蛛蜂

你知道沙漠蛛蜂吗？它们是大型、凶猛、有剧毒的野蜂，作为蜂类家族成员，自然和黄蜂一样，也属于"刺客"家族，而且同属于膜翅目昆虫。不过，黄蜂属于胡蜂科，而沙漠蛛蜂属于蛛蜂科。

蛛蜂科的分布区域包括印度、东南亚、非洲、澳大利亚和美洲。在南美洲迄今发现超过250种蛛蜂，北美洲也有十几种。生活在美国西南部和墨西哥沙漠地区的少数几种蛛蜂颇具代表性，被称为沙漠蛛蜂。这类野蜂喜欢栖息在干旱的沙地环境，善于捕食体形比它们自身还要大的狼蛛、巨蟹蛛，甚至捕鸟蛛，"蛛蜂"的名字由此而来。由于它们捕杀蜘蛛时气势威猛如鹰，因此又被叫作食蛛鹰蜂。

鲜明的警戒色警示"有毒"

沙漠蛛蜂长相很特别，体长可达5厘米，是体形最大的蛛蜂，有金属蓝的体色和明亮的橙红色的双翅，眼大而亮，触角较长而卷曲，腿细长多刺，足爪呈钩状，外观显得凶猛强悍，呈十分鲜明的警戒色（图2.1A、B）。

沙漠蛛蜂在生境条件严酷的沙漠中过日子，成年雌、雄蜂以灌木的花蜜花粉为食。雄蜂在灌木丛中访花寻蜜的同时，也在巡查物色性成熟的雌蜂。

繁殖期间，母蜂需要将卵产在安全的孵化场所，幼蜂必须有充足的食物供应。生存竞争促使雌性沙漠蛛蜂演化出一根长达7毫米的剧毒螫针。这根螫针被公认为世界上较厉害的毒刺之一。不过，要知道，螫针只有雌蜂有，雄蜂并无螫针。由于雄蜂和雌蜂的模样差不多，掠食者很难区分它们。

图2.1 ┃ A 沙漠蛛蜂全身照
　　　┃ B 沙漠蛛蜂的头部及胸部

沙漠蛛蜂鲜明的警戒色正是在警示潜在的掠食者："本蜂毒刺厉害，别来招惹我！"雌性沙漠蛛蜂不单毒刺超长，毒液的毒性及蜇人的痛感，都比蜜蜂、黄蜂、大黄蜂更为强烈（图2.2）。

图2.2 ‖ 正在采食花蜜的沙漠蛛蜂

实际上，沙漠蛛蜂对人的攻击性并不强，极少叮咬人类。昆虫学家贾斯汀·施密特为了亲身体验被沙漠蛛蜂蜇刺后的感觉，捕捉了沙漠蛛蜂进行实验。在故意被蜇刺后，他真正体会到：剧痛持续约3分钟，极度痛苦，如同遭电击，大脑停止思考，身体扭曲翻滚。据此他认定沙漠蛛蜂蜇刺人的疼痛指数也在很高级别，仅稍逊于子弹蚁（图2.3A，B）。

雌、雄沙漠蛛蜂的成体以花粉、花蜜为食，并不捕杀猎物，那么，雌蜂的这根超级毒针用来做什么？

图2.3 | A 雌性沙漠蛛蜂超长的毒针
| B 昆虫学家研究沙漠蛛蜂

图2.4　A 沙漠蛛蜂与狼蛛面对面
　　　　B 沙漠蛛蜂攻击狼蛛

勇猛怪异的捕食者

在干旱的沙地环境，动物的多样性及猎物的数量实在很有限。沙漠蛛蜂演化出了独来独往、单独活动觅食的习性，这是适应环境的结果。除了捕食以外，繁衍后代是动物最大的生理需求。繁殖期的沙漠蛛蜂母蜂盯上了也是独来独往的蜘蛛，两者相遇会发生什么？

这只蜘蛛是狼蛛，螯肢尖锐，毒性强，背上长有像狼毫一样的毒毛，体形比沙漠蛛蜂还大。可是，奇怪了，人见人怕的狼蛛见到蛛蜂，竟然回身就跑（图2.4A）。沙漠蛛蜂追上狼蛛，却突然倒地，好像被打败了。其实不然，这是沙漠蛛蜂的战斗招数，它必须避开狼蛛的螯肢和身上的毒毛，专找狼蛛身体的弱点——肥大而无防御的腹部猛刺，或找准狼蛛腿部关节柔嫩部位刺入。这样可能一下子就毒晕狼蛛，也可能遭到强烈抵抗。这次双方大战几个回合，终于还是身手更灵活、毒性更强的沙漠蛛蜂胜到最后（图2.4B）。胜利者把被毒素麻痹、失去抵抗能力的狼蛛拖入其地下巢窝，并在昏迷的狼蛛体内产卵。等到沙漠蛛蜂的卵孵化，幼虫就把这只狼蛛一点点地吃掉。

这下清楚了，沙漠蛛蜂的毒刺不是用来捕杀猎物，而是用来毒晕狼蛛、繁衍后代的。

图2.5 | A 沙漠蛛蜂毒昏狼蛛
B 把狼蛛拖回巢窝

有人这样形容沙漠蛛蜂大战狼蛛的情景：有的狼蛛毒牙巨大、身强体壮，沙漠蛛蜂必须十分小心，避免受到狼蛛致命的反击，雌沙漠蛛蜂通常会靠近、后退，再靠近、再后退，直到钻入狼蛛身下，找到刺入毒针的部位，狠狠地注入毒液（图2.5A）。为了繁衍后代，沙漠蛛蜂敢于以小搏大，善于灵活巧取。

原来，沙漠蛛蜂的幼虫是肉食性的。在它们出生前，它们的妈妈已经为之准备好可口的食物。在贫瘠荒芜的沙地，这种卵寄生的方式，可为受精卵的孵化及幼虫初期的生存提供良好的保护。剧毒的雌沙漠蛛蜂用毒征服蜘蛛，捕获蜘蛛（图2.5B），从而在沙漠地区顺利繁衍后代，它们是对后代负责任的妈妈！

任何杀手都有天敌

对于许多昆虫和蠕虫来说，狼蛛是它们可怕的天敌，也是无情的杀手。但是，强中更有强中手，沙漠蛛蜂却是狼蛛的天敌，甚至连体形更大的巨蟹蛛、捕鸟蛛，还有善于在沙丘上滚动逃生的金轮蜘蛛，都可能被沙漠蛛蜂毒晕和捕获，沦为沙漠蛛蜂繁育后代的孵化器及哺育幼蜂的营养库。目睹沙漠蛛蜂捕获狼蛛的人，无不赞叹沙漠蛛蜂的勇猛与灵动。

通过解剖研究发现，沙漠蛛蜂尾部的螯针，既是毒针也是产卵器，内有两个管道，其一连通毒

15

图2.6 ‖ 走鹃

腺，另一个连通生殖腺。因此雌性沙漠蛛蜂的毒刺既能注射毒液麻痹猎物，也能迅速将卵产到猎物寄主的体内。

威名显赫的沙漠蛛蜂体形大，善飞翔，雌蜂具有剧毒化学武器，很少有动物敢于接近它们，更别提以它们为食。但是，物竞天择，有一种生活在沙荒地的猛禽——走鹃（图2.6），却是沙漠蛛蜂的克星。这就构成了一条弱肉强食的特殊食物链：狼蛛（蜘蛛）→ 沙漠蛛蜂 → 走鹃。

走鹃属于杜鹃科地栖性鸟类，其生活地域与沙漠蛛蜂基本重叠，在美国西南部和墨西哥荒漠灌丛区，很容易相遇。走鹃虽不善飞行，但在开阔沙地奔跑速度极快，每分钟可以跑500多米，别名"大跑步鸟"，能够追上并捕食昆虫、蜥蜴和蛇。走鹃勇猛善斗，捕食沙漠蛛蜂这类小昆虫只是小菜一碟，就连毒蜥、剧毒眼镜蛇，它都敢用结实的喙和足爪，将其捕杀和吞食。

由此看来，上面的食物链并非简单的直链，至少是：狼蛛、巨蟹蛛、捕鸟蛛、金轮蛛等 → 沙漠蛛蜂、蜥蜴、眼镜蛇等 → 走鹃。沙漠环境生物多样性差，一些在如此极端环境长期生存的昆虫进化出成功的生存对策，彼此之间以食物联系构成了饶有特色的沙漠地区食物网。

有人问，如果碰巧被沙漠蛛蜂毒刺蜇到的话，那么该怎么办呢？有一篇研究论文提供了一个明确的建议：赶快躺下并放声大喊大叫。这是因为蛛蜂蜇刺产生的疼痛会使人短时间几乎丧失自控能力，要是被蜇者发狂地乱跑乱闯或扭动翻滚，就可能会伤到自身。这篇论文还分析，昆虫世界里的"刺客"家族，螯针只有雌性才有，因为螯针是从雌性的产卵管进化来的；沙漠蛛蜂并不是食肉动物，而是以花粉、花蜜为食。不过，雌性沙漠蛛蜂在产卵时，要先为自己的下一代捕获一个"无辜"的守护者——狼蛛，而要控制、制服比自己大好几倍的狼蛛，同时保证自身毫发无损，就得借助一根细长、剧毒的螯针，稳准狠刺入狼蛛"盔甲"上的缝隙。因此，非肉食性的沙漠蛛蜂进化出一根超级毒刺也是生存竞争造成的。

"螟蛉子"的误会

图3.1 ‖ 细腰蜂带走螟蛉幼虫

"螟蛉子"是中国古代民间对养子或养女的称谓。那么，为什么把养子、养女叫作"螟蛉子"？又是什么时候有人将此称谓和"螟蛉"类昆虫联系在一起的呢？

早在《诗经·小雅·小宛》中就记载有"螟蛉有子，蜾蠃负之"的诗句。螟蛉是一种螟蛾类昆虫，它产下的卵孵化出毛虫（小青虫）；蜾蠃属于泥蜂类，在它身体的胸、腹部之间，有一段很细的"腰节"，因此又叫细腰蜂，是一类体形很小的寄生蜂。"螟蛉有子，蜾蠃负之"这句话，意思是说螟蛉生下的孩子——小青虫，由细腰蜂带走并负责喂养。这句话表述了作者认为的自然界中细腰蜂和小青虫的相互关系，并未说清楚蜾蠃与螟蛉幼虫之间真实的生态关系，也没有说明白这一生态现象的细节和实质。

17

蜾蠃（细腰蜂）的视力敏锐，它在空中飞行时就能看到叶子上的螟蛉幼虫，就会俯冲下来捕抓。在产卵季节里，那些身体强壮的细腰蜂，能够像老鹰叼小鸡似的，把体形较小的青虫抓住并带回到巢窝（图3.1）。

实际上，自然界中的细腰蜂种类很多，这里所指的是具有寄生习性的一些种类（图3.2A，B）；而所谓"螟蛉之子"通常指鳞翅类蛾、蝶的幼虫，并非只有小青虫，还有大小、色泽及斑纹多种多样的毛虫。

从战国到东汉很长一段历史时期，一些当时颇有名气然而缺少生态知识和实际经验的学者，只从字面上来解释"螟蛉有子，蜾蠃负之"这句话的含义。他们错误地认为蜾蠃把螟蛉的孩子（小青虫）带回巢里喂养，是因为细腰蜂家族只有雌蜂，没有雄蜂，不能生育，没有子女，这才不惜花费力气把螟蛉之子带回自己的泥巢中，当作自己的孩子来养育。当时甚至有一些知名人士，也毫无事实根据地穿凿附会，说细腰蜂带着小青虫一边鼓羽（振动翅膀）一边唱道："类我，类我……"甚至还有传

图3.2　A　一种细腰蜂　　B　停息在叶片上的细腰蜂

说提到螟蛉子被蜾蠃养育20天后，果真就变成蜾蠃的模样了。从此，以讹传讹，以至"螟蛉"一词在古代汉语里成为养子的代名词，民间就此称养子为"螟蛉子"。

直到距今一千四百多年前的南北朝时期，著名医药学家陶弘景（图3.3A）不相信蜾蠃不能生育孩子，更不相信蜾蠃把小青虫当作干儿子来哺育。他认为上面那些说法都是没有实证的主观臆想。

他决心到自然界去亲自观察，探个究竟，以辨真伪。他找到一窝蜾蠃，经过多次反复细心的观察，发现蜾蠃雌雄虫俱全，而且生育有自己的后代。他还观察到，蜾蠃衔来螟蛉幼虫并非把它们当养子来养育，而是将它们当作猎获物囚禁在巢罐里，等自己产下的卵孵出幼虫时，螟蛉就成为自家孩子的"食粮"。于是陶弘景在其专著《本草经集注》一书中提出自己从实际观察得来的科学论断。他写道："蜾蠃生仔，如粟米大，乃捕取草上青虫，待其仔大为粮。"（图3.4）

后世多名学者在各自的论著中，认同陶弘景的观察及论证。清代学者程瑶田在他撰写的《释虫小记·螟蛉蜾蠃异闻记》中，记载了其本人到野外，实地仔细察看蜾蠃的产卵、孵化和哺育幼虫的全过程。他清楚地看到了蜾蠃的幼虫怎样一点点地吃掉了母蜾蠃为它们预备下的肉食品——小青虫。他写道："盖蜾蠃之负螟蛉，与蜜蜂采

图3.3　A　南朝学者陶弘景像
　　　　B　《本草经集注》

19

图3.4 ‖ 这只细腰蜂毒晕一条毛虫

图3.5 ‖ 螺蠃衔泥建造泥巢

花酿蜜以食子同。"这句话的意思就是说："细腰蜂之所以把小青虫带回巢，这其实和蜜蜂采花酿蜜给儿辈们做食料的作用是相同的"。

程瑶田还详细描写了螺蠃的形态特征，记述它们口衔泥球（图3.5）往返搬运、建成壶状蜂巢的情景，然后捕捉大小不一的青虫放入泥巢内……他以详细的记载进一步证明了陶弘景的论断与实际情况完全符合。

至此，"螟蛉有子，螺蠃负之"的解释算是圆满了。螺蠃衔螟蛉幼虫作为养子之谜，也即细腰蜂及"螟蛉子"的误会，终于被陶弘景用实地观察研究的办法消除了。

20

如今，通过科学家的研究报道以及野外拍摄的生态照片、视频，人们清楚地知道，蜾蠃（泥蜂、细腰蜂）属于膜翅目蜾蠃蜂科。它们是比大黄蜂小得多的捕食性天敌昆虫，成虫体长约15毫米，它们如同具有螯针的黄蜂，腹部末端也有一根毒刺。但蜾蠃的生活习性不同于其他群居蜂类，其成虫单独生活，平时无巢，到了繁殖期雌蜂准备产卵时，才衔泥建巢。有的细腰蜂的巢建在树杈上（图3.6A），有的则建在地下或土墙上（图3.6B）。在热带、亚热带地区，土壤为红壤或砖红壤，细腰蜂修建的泥巢便是红色的；而生活在温带棕色土壤或褐色土壤地区的细腰蜂，所建的泥巢则是棕色的。

图3.6　A　建在树上的泥巢
　　　　B　建在墙上的泥巢

图3.7 ‖ 蜾蠃蜇晕螟蛉幼虫

图3.8 ‖ 蜾蠃把小青虫塞进泥巢内

图3.9 ‖ 看！细腰蜂封堵洞口

建巢完工后，雌蜂外出寻找、捕捉鳞翅目稻螟蛉、稻纵卷叶螟、玉米螟等的幼虫，蜇刺猎物注入毒液（图3.7），麻醉后带回巢窝，贮于巢室内（图3.8）。有的一个巢室内可能贮存有20—30条虫子，可见细腰蜂对养育子女十分用心。

母蜾蠃把卵产在昏迷的青虫体内，或用丝将卵悬在巢里面，最后封闭巢口，母虫飞走。蜾蠃的卵孵化为幼虫后，即以青虫为食。幼虫成熟后化蛹，蛹羽化成为成虫飞出泥巢，开始新一代的生命活动。

有些种类蜾蠃的泥巢像小口大肚陶罐；也有的种类利用竹管筑巢；还有的种类细腰蜂身体强壮，直接找到生活在地下的蛴螬、金龟子幼虫，在其体内产卵，母蜾蠃会用泥土把自家产的卵连同卵寄生的虫封盖在土穴内，用大颚夹住一块小圆石砸实洞口的泥土（图3.9）。小小昆虫为后代的安全，竟然如此尽心尽力。

温带地区的蜾蠃每年繁殖两代，一般在5月上旬交配产卵，卵在5月下旬化蛹，6月初羽化，7月至8月又繁育一代，9月份之前为其活动盛期。一只蜾蠃每天能捕食害虫100只以上，是可用于防治农林害虫的寄生性益虫，也是人类进行生物防治的忠实同盟军。

说到底，蜾蠃之所以能够捕到、毒晕块头比它还大的大毛虫，它的腹部末端的毒刺功不可没。毫无疑问，蜾蠃也是"刺客"家族成员。

图3.10 ‖ 细腰蜂捉住大毛虫

"螟蛉子"的误会的消除这件事足以提醒人们，对于一种自然现象，必须进行深入细致的观察、研究，才能做出科学的判断和解释。

最令人深恶痛绝的害虫——蚊子

一说到蚊子，马上就令人感到厌恶。蚊子随处可见，它们种类繁多，全世界多达3600种，而且分布很广，除南极洲以外的世界各大洲都有它们的踪影。这种情况既说明蚊子的传播能力很强，又反映蚊子是地球的"老居民"，它们有足够长的时间扩散到世界各地（图4.1）。

图4.1 ‖ 可恶的蚊子

科学家研究指出，早在一亿多年前地球上已出现蚊子。确切来说，蚊子有古老的祖先。曾经称霸地球的庞然大物，例如恐龙、剑齿虎等已经绝灭，而小小蚊子却生存至今，族类繁盛，连人类都难以摆脱它们，原因是什么呢？

高超的飞行技能

蚊子是最善于飞行的一类昆虫。体长只有4—13毫米的蚊子飞行时速竟达到3千米。

多年来学者们一直不明白，蚊子何以能如此高速飞行。直到2017年，英国牛津大学的研究人员利用多台高速照相机，才看清楚蚊子翅膀运动的实际状况：蚊子每秒扇翅次数高达600—800次，而扇翅幅度仅40°。蚊子的翅形窄长，扇翅幅度又小，因此相较于体积相近而翅膀宽大的昆虫，蚊子的扇翅次数就多（图4.2）。蚊子飞行扇翅时，周围空气会形成一股旋涡，增加了垂直向上的牵引力。

平衡棒是飞行定向仪

科学家研究得知，蚊子具有良好的全天候飞行技术，无论晴天还是雨天，它们都能飞行。下雨时飞行蚊子的身体会接触到雨滴，然而蚊子对此根本不当回事，身体不会受到任何危害，雨滴使蚊子承受的负载让它下降几厘米，接着雨滴流走，蚊子继续飞行。如果雨滴打到蚊子的脚，它会就势在空中翻个跟斗，抖掉水珠，再立刻恢复正常飞行状态。如此灵敏的高难度飞行技巧，蚊子靠的是胸部的一对覆盖着许多感觉毛的长棒状结构——平衡棒（图4.3）。

平衡棒起初是蚊子祖先的后翅，通过变异遗传逐渐演化，最终成为超

平衡棒

图4.3 ‖ 蚊子身上的平衡棒

级精密的空间定向仪，在高速飞行时可调控身体，起平衡和稳定的作用。看起来蚊子的后翅"退化"了，实际上，是变为更实用的器官。这种后翅退化为平衡棒的蚊、蝇类，胸部的两对翅就变为一对（2片），因此被人称为"双翅类"。

但也不是所有天气蚊子都能畅通无阻，比如大雾就会对蚊子产生影响。大雾天气时，雾中的悬浮颗粒物落在蚊子身上，会妨碍它们的飞行。因此在大雾弥漫时，蚊子便会隐藏起来，等待时机。

极其灵敏的感觉器官

蚊子的视觉器官是头部的一对复眼，每个复眼由300—500个小眼组成。同为双翅目昆虫的苍蝇，其复眼由数千个小眼组成。比较来说，蚊子的视力不如苍蝇，然而蚊子的复眼发育也是完善的。每个小眼都是独立的感光单位，都有角膜、晶椎、色素细胞、视网膜细胞和视杆细胞等结构，小眼面呈六角形。蚊子突出的复眼位于头部前方，可全方位地

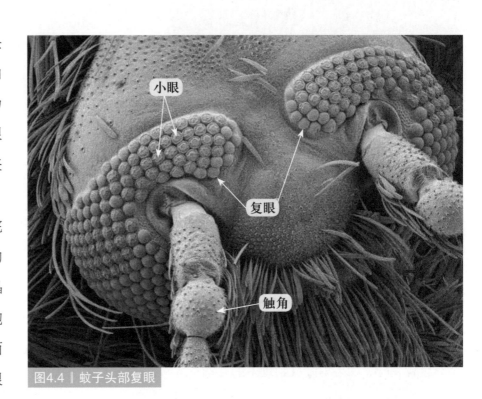

图4.4 ‖ 蚊子头部复眼

观察事物（图4.4）。蚊子眼睛的结构使得它们在昏暗的夜间，也能感受到微弱的光线，从而确定空间方位，找到暗处的猎物。

早在二三百年前人们就确信，蚊子嗡嗡叫，同类能听到。那么，蚊子靠什么来听？它的听觉器官在哪儿？很多年来研究者们以各种方法意图找到蚊子身上的"耳朵"，却未能成功，直到1855年美国医生克里斯托夫·约翰斯顿在雄性蚊子的环毛状触角的第二节，发现大量的听觉感受细胞，它们能够感受外界传来的振动波或声波，并通过听神经传入脑部。这才解开了蚊子神秘的"耳朵"之谜（图4.5）。

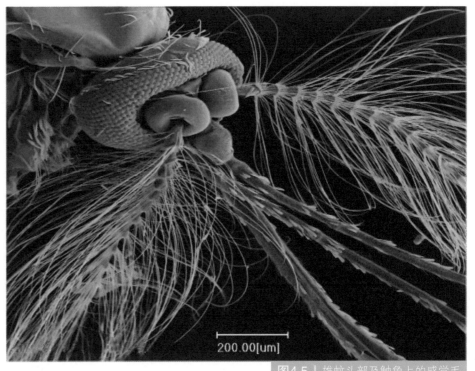

蚊子还具有迅速寻找猎物的气味感受器。瞧！蚊子身上有上千根超级敏感的嗅觉毛，主要长在头部和口唇部，帮助蚊子觉察周围环境及猎物的状况。每根嗅觉毛的根部联系着体内神经细胞，就连空气成分的微小变化，蚊子都能感受到。这类感觉毛上的嗅觉孔甚至可以捕获到猎物散发出的单个气味分子。

在蚊子触角上还配置有微型触觉感受器，能够感受到人类汗腺分泌出的气味物质，将信息传递给蚊子大脑的气味感知区。小小的蚊子，大脑的气味感知区却比其他昆虫的大得多。

蚊子的看家武器——刺吸式口器

尽人皆知，蚊子是"吸血鬼"。其善于吸血的嘴巴形如针管，是害人致病的刺吸式口器，专门用来吸食动物体内的血液或植物汁液。

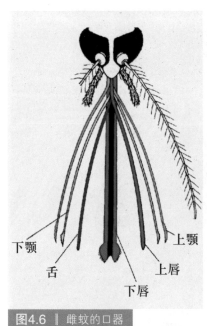

图4.6 ‖ 雌蚊的口器

下颚　上颚
舌　上唇
下唇

由图4.6可见，蚊子的口器不是简单的一根针管，而是由6根长针组成的。其中两根为上颚变来的，两根为下颚，还有舌、唇各一根，也呈针状，几根口针通常合在一起。在这6根刺针中，其中两根上颚末端呈锯齿状，在吸血前可刺穿寄主的皮肤；两根下颚变成的刺针用来固定口器，帮助蚊子在吸血时保持稳定的姿态。另外一根刺针负责探测皮肤下面的血管，并在探测成功后吸取血液，最后一根刺针会在吸血后释放化学物质在寄生皮肤内。

雌蚊锁定猎物后，便悄悄地把口针刺入寄主皮肤，同时分泌唾液注入受害者皮肤中。蚊子唾液含有抗凝血剂、消化酶及蚁酸等多种成分。其中的酸性物质用来溶解寄主皮肤表面的角质层；抗凝血剂可防止吸血时血液凝固，可使蚊子吸到新鲜、浓度适宜的血浆；酶则用来分解血液的养分。蚊子唾液还含有能使动物皮肤局部麻醉及肌肉舒张的化合物，更便于蚊子顺利吸血，刺入皮肤时寄主并无痛感。由于蚊子叮刺注入多种蛋白质，人体免疫系统产生组胺排斥外来物质，便会造成皮肤红肿发痒的过敏反应。 在叮人吸血过程中，蚊子还会把它携带的病毒留在受害者的体内（图4.7）。

图4.7 ‖ 雌蚊吸血后腹部存满了血

28

血液进入蚊子肠道，其腹部迅速膨胀。雌蚊通常一次就吸足了血（或吸两次），吸血量约5微升，吸血用时约1分钟。吸血4—5天后，血液提供的丰富蛋白质养分促使雌蚊卵巢中的卵粒发育成熟，雌蚊找到合适的水域就可以产卵了。

平时雌蚊以植物汁液为食，繁殖期雌蚊吸血是为了产卵繁殖下一代。雄蚊一生则完全"吃素"，其口器细短，上下颚退化，不能刺入人体或动物皮肤，只能吸食植物的花蜜和液汁为生。

高产的蚊子

蚊子之所以给人类带来巨大困扰，是因为它们的庞大数量，这是由高繁殖率造成的。蚊子是全变态昆虫，它们的卵、幼虫和蛹必须生活在水里，但是蚊子无须大面积水域，在短时积水的池塘、水坑，甚至沟渠、水盆等，蚊子都可产卵繁育。影响其生长的主要因素是环境的温度和湿度，温度20—30℃、相对湿度较高的条件下，蚊子半个多月就能繁殖一代。气温升高，繁殖速度更快，周期更短。通常雌蚊只需交尾一次，就能终生产受精卵。生活在温暖地区的蚊类，每年可繁殖7—8代，每次产卵100—200粒。高繁殖率是蚊子称霸地球的生存对策之一。

雌蚊（图4.8A）与雄蚊（图4.8B）在外观上就可区分，雌蚊比雄蚊大。从触角来看，雌蚊触角少

图4.8　A 雌蚊头部　B 雄蚊头部

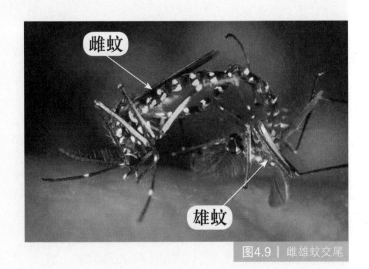

雌蚊

雄蚊

图4.9 ‖ 雌雄蚊交尾

毛，而且比较短；雄蚊的触角毛多而蓬松，而且比较长。通常，性成熟的雌蚊通过鸣声招呼雄蚊，每秒振翅100—200次，而远处寻找配偶的雄蚊振翅速度较快，两者的"嗡嗡"声不一样，听到雌蚊的鸣声，雄蚊就能循声迅速找到雌蚊（图4.9）。

蚊子是全变态昆虫，其生活史经历卵、幼虫、蛹、成虫四个时期（图4.10）。

所有蚊子的卵都产在淡水里，依种类的不同可能产在水面、水边或水中。按蚊卵块呈舟形，两端带有浮囊，漂浮于水面；库蚊卵块结成筏状，也漂浮于水面；伊蚊的卵通常单粒沉于水下。蚊子的卵约2—5天孵化。

蚊子的幼虫专称孑孓，幼虫经过4次蜕皮变成蚊蛹。

蚊蛹形态特别，外观像个"逗号"，行为也特别，与其他昆虫的蛹不同，它会在水中游动，随后羽化成蚊子。

新生蚊子在双翅变硬后才能飞离水域。雌蚊从蛹羽化为成体，两三天后就会和雄蚊完成交配，整个生命周期不到1个月。

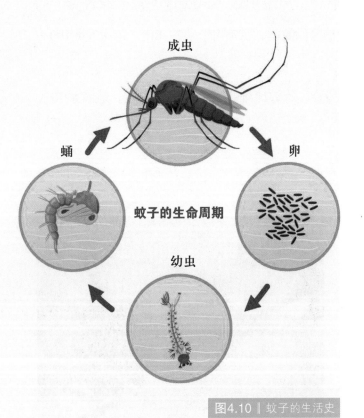

成虫

蛹

卵

蚊子的生命周期

幼虫

图4.10 ‖ 蚊子的生活史

三类主要害蚊的区别

三类蚊子是指按蚊、伊蚊和库蚊，它们是中国常见的蚊子。依据研究，全球3000多种蚊子中能叮人吸血的大约200种，其中大多数属于上述三类蚊子，而成为疟疾媒介的就是按蚊。

按蚊（图4.11A）：停落时腹部上翘，与物面呈45度角，下颚须长，翅缘有黑灰斑。

伊蚊（图4.11B）：就是平常所见的花蚊子，又叫花脚蚊，腿上有黑白斑，下颚须短。

库蚊（图4.11C）：身体多呈黄棕色，停息时身体与停落物面平行，腿上无黑白斑，翅上无花斑，下颚须短。

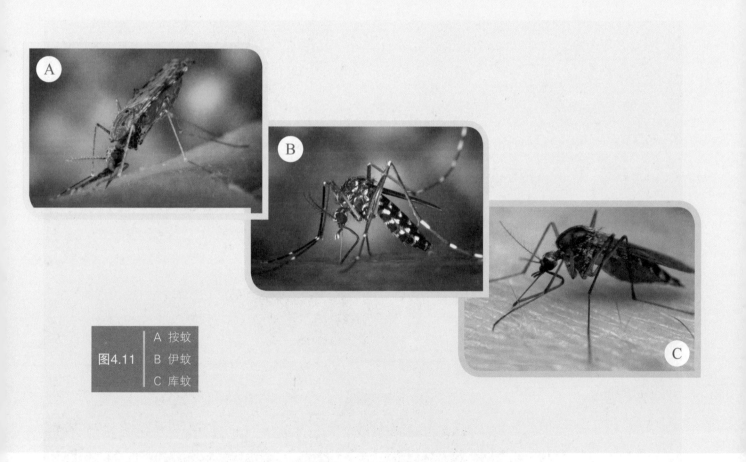

图4.11　A 按蚊
　　　　 B 伊蚊
　　　　 C 库蚊

上述三类蚊子的生态习性也有差别，库蚊在北方比较常见，是居民室内最常见的蚊子，又称家蚊。伊蚊的攻击性很强，多在白天活动。按蚊又称疟蚊，分布于世界各地。中国常见的传疟媒介为中华按蚊、微小按蚊等，非洲的冈比亚疟蚊是最危险的恶性疟原虫宿主。

值得一提的是，有一类身体浅绿色且很像蚊子的小虫，是十分常见、生存能力极强的水生昆虫——摇蚊（图4.12）。摇蚊不属于蚊科，而是另类摇蚊科家族的成员，已知5000种左右，世界性分布。摇蚊成虫口器退化，既不能叮人，更不会吸血。目前，许多水产养殖场大量培育摇蚊幼虫，作为一些名特优水产品幼体的生物活饵料。

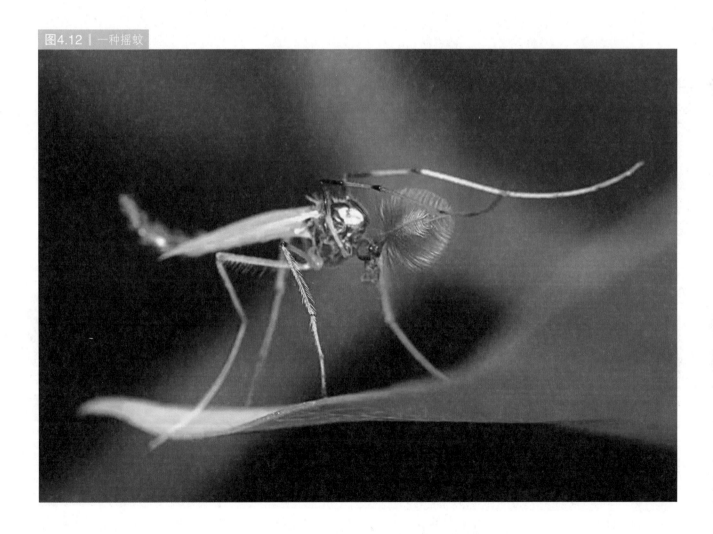

图4.12 ‖ 一种摇蚊

此外，人们还常能见到双翅目大蚊科的大蚊，外观看起来比普通蚊子大得多，但它们不叮人吸血。它们与吸血传病的蚊虫只能算是远房亲戚。

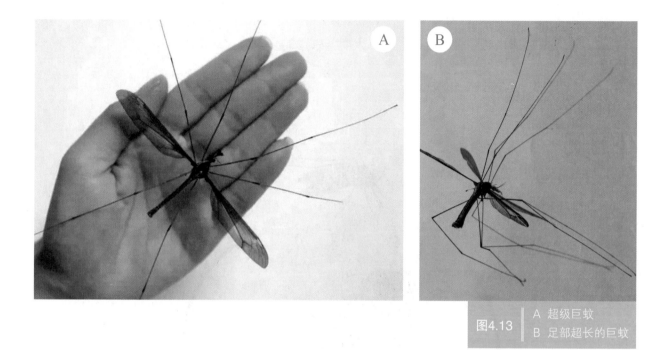

图4.13　A 超级巨蚊
　　　　　B 足部超长的巨蚊

双翅目昆虫中也还有近亲，属于巨蚊科超级巨蚊（图4.13A，B），体长达普通蚊子的10倍。中国最常见的是华丽巨蚊，也不叮咬人或牲畜，是益虫。

蚊子与病虫狼狈为奸

全世界发现的可通过蚊子传播的疾病已经超过80种，几乎没有哪一种昆虫能有这样的杀伤力。疟疾、登革热、丝虫病、脑炎、黄热病等多种疾病，蚊子都是传播媒介。

蚊子如何和病虫狼狈为奸、坑害人类？以疟疾为例，携带有疟疾病原体的按蚊，通过叮咬将病原体（疟原虫）传递到猎物（人类）体内。疟疾病原体在猎物体内寄生下来后，能分泌一种特殊的生化物质，刺激猎物红细胞分泌更多的二氧化碳和其他挥发性物质。这些物质与疟疾感染者的血细胞混合，产生一种能吸引蚊子的芳香气味，致使受疟原虫感染的人和动物身上的气味特别招引蚊子，特别能吊起蚊子的胃口。就这样，蚊子和疟原虫默契配合，病原体不仅在猎物血液内，还在吸血的蚊子体内，通过蚊子四处叮人，继续大范围传染给新的受害者。

据联合国世界卫生组织报告，疟疾这种由蚊子传播的疾病，2009年夺走78万人的生命。登革热每年致病人数大约为5000万。小小蚊子体长不足1厘米，体重不到2.5毫克，然而其整个身体就像安装了各种超级灵敏的仪器，帮助自身准确追踪猎物、适应各种环境、大量繁殖群体，因此蚊子成为对人类危害最大、令人深恶痛绝的昆虫。直至今天，人类与蚊子的斗争还在继续。

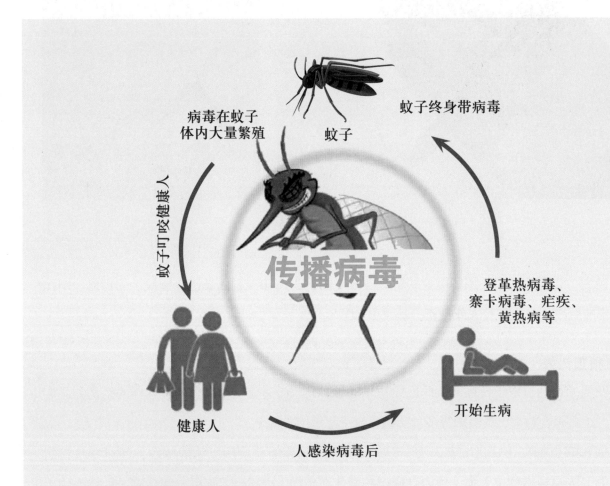

图4.14 ‖ 蚊子传播疾病

扫码获取
☑ 昆虫消消乐
☑ 飞虫小百科
☑ 科普资讯集
☑ 观察云日记

世界上蜇人最疼的昆虫——子弹蚁

子弹蚁分布在中美洲和南美洲，主要生活在亚马孙地区的热带雨林。子弹蚁之所以在全世界出名，是因为它们在所有蜇人的昆虫中毒性最强。人遭到子弹蚁蜇叮后产生的痛感，就像被子弹射中一样，因此这种蚂蚁得名"子弹蚁"。即使只被一只子弹蚁蜇叮，那种剧痛也可足足延续24小时，因此，在拉美地区它们又被称为"24小时蚁"。

体形巨大，相貌凶猛

子弹蚁属于当今地球上体形巨大的蚂蚁，体长18—25毫米。比起常见的体长6—10毫米的普通蚂蚁，子弹蚁简直是"超级巨蚁"（图5.1A），令人印象深刻。子弹蚁最突出的特点是头部特别大，强壮有力的上颚如同一副"板斧"（图5.1B），腹部有一根超级厉害的尾刺，会分泌强烈的神经毒液，使得被蜇动物中毒昏迷，最终因难以反抗而被吃掉。由此可见，子弹蚁属于凶猛的掠食性蚂蚁。

从侧面看，子弹蚁有点像没长翅膀的黄蜂。它们的毒刺在形态上与一些独居黄蜂的刺也相似。它们被认为是原始的蚂蚁种类，身上遗留有蚂蚁祖先的某些特征，例如蚁王和工蚁的大小差别很小。这意味着子弹蚁群体成员无明显多态性，也说明它们百万年来形态变化很小。

图5.1 | A 子弹蚁全身照
B 子弹蚁大颚张开，面目狰狞

图5.2 | A 雨林叶片上的子弹蚁
B 树干上的子弹蚁

子弹蚁的住和吃

根据许多研究者实地探查，子弹蚁生活在人迹罕至的浓密的热带雨林深处。它们可能出现在林下灌木的树枝或叶片上（图5.2A），也可能在雨林乔木的树干上（图5.2B），大多单独行动，偶尔三五只工蚁一起出巢捕食。

子弹蚁的巢穴通常在地面下树木的根部附近。巢穴通常只有一个入口，也可能有多个。有的巢穴建在腐烂的树洞中，偶尔建在树冠层中积累有腐殖质的地方。巢穴里面分隔成多个小居室，宽度5—10厘米，大小不等，位于不同的深度，从地下7厘米到60厘米深处都能见到。巢穴的温度适宜，在22—27℃。有人发现，有些深入地下的子弹蚁巢有排水通道或逃生隧道。

大多数子弹蚁选择在植物根部周围建巢，方便它们在附近植物丛中捕食，不过子弹蚁能够爬到树冠觅食。工蚁主要以活的小型无脊椎动物为食，昆虫是它们经常掠食的对象（图5.3A），捕食小型蛙类比较罕见（图5.3B），有时也会爬上树寻虫（图5.3C）。

图5.3D显示，子弹蚁用大颚紧紧夹住刚捕到的一只小蜂鸟。在南美洲热带雨林，小型蜂鸟很多，有的母蜂鸟专注于孵蛋，可能遭到子弹蚁的偷袭而被捕杀。

37

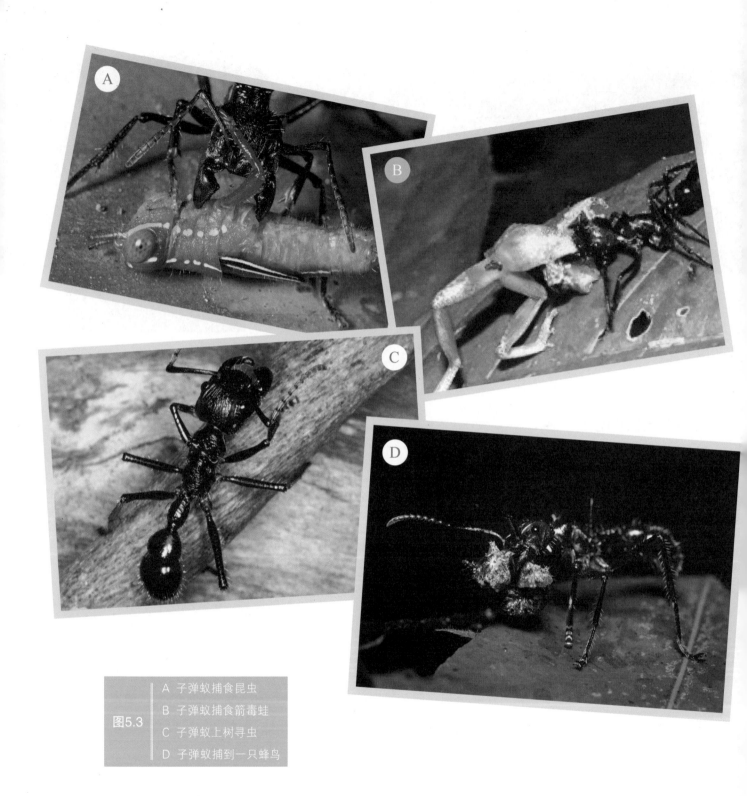

图5.3

A 子弹蚁捕食昆虫

B 子弹蚁捕食箭毒蛙

C 子弹蚁上树寻虫

D 子弹蚁捕到一只蜂鸟

众所周知，大多数种类蚂蚁成群结伙，集体捕猎。相反，子弹蚁习性特殊，依仗其剧毒的尾刺和强有力的上颚，它们敢于也习惯于单独寻找和捕食鲜活猎物。包括各种昆虫、蠕虫、蜈蚣和蜘蛛，就连体形小的箭毒蛙或蜂鸟，它们也敢于并能够捕食到口。这是其他类

图5.4 ‖ 一小群子弹蚁工蚁

型蚂蚁做不到的。当然，子弹蚁经常猎捕的还是不用太费力的昆虫和蠕虫，有时也会觅食花蜜或者采集液滴，带回巢窝和同伴共享。外出觅食的子弹蚁工蚁多在黄昏和黎明时出巢，如果遇到阴天，也会在白天出巢寻找食物。

尽管子弹蚁时常单独行动，但它们也是有"家"和同群伴侣的，有时也会三五只一起出巢捕猎（图 5.4）。不过，即使成熟的子弹蚁，蚁群的规模也通常很小，大多几百只，最多上千只，不像行军蚁或切叶蚁，一窝成员动辄几十万，甚至几百万。

一个子弹蚁群由一只已经交配的雌性繁殖蚁建立起来。它通常被称为"蚁后"，它是这一窝子弹蚁共同的妈妈。其实它才是真正的"蚁王"，因为雄蚁交配后很快死去，一天"王"也没有当过。雌性蚁王是群体重点保护、喂养的成员。群体中所有工蚁都有分工，体形较大的工蚁作为出外觅食蚁，每天要出巢捕食。有些大个头工蚁则作为兵蚁，负责保护巢穴，使巢穴免受脊椎动物或其他昆虫（包括其他群子弹蚁）的侵害。体形较小的工蚁，则在巢内充当看护和清洁工，照顾巢内幼蚁、蛹以及蚁王妈妈。

受到干扰或惊吓的子弹蚁会急速跳跃逃走，也可能以攻为守，返身咬刺来犯之敌。

39

奇特的仪式

令人难以置信的是，这种世界上蜇人最疼的蚂蚁，和当地居民产生了奇特而又密切的联系。在亚马孙地区土著中，一直盛行一种别出心裁的"男子成人礼仪"。受试者要把手伸进一个里面有120只鲜活子弹蚁的特制手套（图5.5A）中，坚持10分钟，忍受剧毒子弹蚁蜇刺的"疼痛考验"之后，才被承认已经"成人"。

当地一些少男亲身经历过子弹蚁的蜇刺和叮咬（图5.5B）。据说被咬者初时感到痛彻心扉，过后毒液毒性发作，疼痛感更为强烈，双手变得麻木、瘫软。那种深入全身的剧痛足足24小时以后才逐渐缓解，幸好过后身体不会留下永久性损伤。

图5.5　A　特制的子弹蚁手套
　　　　　B　又长又毒的尾刺

尾刺

子弹蚁的疼痛指数

随着社会的发展，世界各地对子弹蚁感兴趣的人多了起来。一部分人受好奇心的驱使，意图分析有毒昆虫毒性及被蜇咬后人的疼感等级。

美国亚利桑那大学昆虫学家贾斯汀·施密特（图5.6A）认为，了解不同昆虫的毒性高低比较容易，因为有很多评级体系可供使用，但要测定毒虫叮咬产生的疼痛等级就不那么简单了。

他决定用自己的身体尝试毒虫叮咬的痛感，他在体验150种昆虫叮咬后，整理归纳出0—4级的"疼痛指数"。这被称为"施密特指数"，用以评估昆虫叮咬引起的疼痛程度。他还撰写出版了《野性的刺痛》一书（图5.6B）。按照毒性和疼痛程度，他把蜜蜂蜇叮的疼痛指数定为1.0级，胡蜂蜇叮的定为2.0级，红胸收获蚁蜇叮的疼痛指数定为3.0级，子弹蚁蜇叮疼痛指数最高，为4.0级。疼痛指数是靠有毒昆虫研究者的亲身体验而制定的。

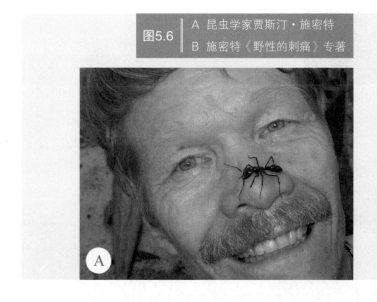

图5.6　A 昆虫学家贾斯汀·施密特　B 施密特《野性的刺痛》专著

贾斯汀·施密特还分别描述不同等级的疼感。他指出一只蜜蜂叮咬引起的疼痛，相当于点燃的火柴灼伤皮肤，红、肿、痛数小时后即可消退；一只胡蜂蜇叮的痛感就像点着的烟头按在皮肤上一样，又好像被开水浇在身上一样，非常痛苦，但没有生命危险；3.0级痛感如同折断脚指甲的感觉，痛苦至极；至于遭受疼痛指数最高的子弹蚁叮咬，那感受可想而知。

41

子弹蚁会蜇人致死吗

　　有一位名叫皮特森的年轻硬汉，特地来到子弹蚁产地，为了体验"被子弹击中"的痛感，他用夹子夹住一只子弹蚁，放在自己的手臂上。突然他蜷缩到地上，痛苦地呼天喊地，原来子弹蚁的毒刺扎入他的手臂。他体验到这种毒蚁的蜇刺痛感，比蝎子、蜈蚣、大黄蜂、绒毛蚁蜂（图5.7A）、沙漠蛛蜂（图5.7B）等都要强烈。他认为，子弹蚁的疼痛指数最高，名副其实。

图5.7 | A 绒毛蚁蜂
　　　 | B 沙漠蛛蜂

英国著名探险家史蒂夫的做法更"疯狂"。他将双手伸入子弹蚁手套内，他的确是硬汉，挺过剧痛的10分钟，没有喊叫。问题在于手套被取走十几分钟后，他双手僵硬、肌肉痉挛、发抖抽搐、恶心、发烧、心律不齐、疼痛难忍，甚至意识涣散，出现幻觉，过了一些日子才逐渐恢复正常。

被子弹蚁蜇叮的剧痛，令所有经历者永生难忘。科学家对毒液进行了分析，分离出一种麻痹神经的毒性肽，其毒液含有蚁酸、毒蛋白及其他有毒成分，会引起巨大的疼痛。好在毒素不会引起免疫系统的过敏，不会扩散到心脏、大脑或身体的其他部位。

这也就是说，人们被一只子弹蚁蜇叮，不会死，被120只子弹蚁蜇叮，也不会死。不过，毒物能否置人于死地要看剂量，子弹蚁能否蜇人致死也和剂量有关。有人计算过，如果同时被1815只子弹蚁蜇叮，足量的毒液能使人呼吸困难、心脏骤停、休克致死。幸亏在自然界人们不可能同一时刻遭遇如此多子弹蚁的蜇叮。

无论如何，子弹蚁依然是较危险的毒虫，最好尽可能避免接触它们！

子弹蚁的死对头

任何一种动物都有天敌，子弹蚁也不例外。虽说子弹蚁是昆虫世界的"丛林之王"，但它们照样有许多捕食者、寄生者。其中，食蚁兽、毒蝎子、毒蜘蛛都不会放过子弹蚁，寄生蝇更是子弹蚁的头号克星（图5.8A）。不同群的子弹蚁也互相为敌，还有土著部落也会捕捉大量子弹蚁。

驼背蝇仗着身体小、飞行灵活，哪怕子弹蚁发起攻击，挥舞大颚和毒刺，也无法给驼背蝇造成威胁。它们围住子弹蚁左转右绕，总有办法把卵产到子弹蚁的体内，是地道的卵寄生昆虫（图5.8B）。那些伤亡的子弹蚁，经常成为寄生驼背蝇的寄主。寄生卵就在寄主体内孵化为微小的蛆虫，成了子弹蚁生命的终结者和食腐者。此外，在湿热雨林环境，真菌感染也是子弹蚁难以逃避的灾难（图5.8C）。

子弹蚁所具有的全部形态、生理和生态方面的特点，是它们能够在动物多样性纷繁复杂的热带雨林生存的必备条件。

子弹蚁进化出了一根剧毒的尾刺和一副强有力的大颚，用来攻击猎物和保护自己。它们并不喜欢蜇刺人类，只有在感受到威胁或其窝巢受到干扰时，它们才会无情地叮咬入侵者。某些情况下，子弹蚁会发出尖锐的叫声。是的，这种蚂蚁会给同类报警。

蚤蝇

图5.8

A 成群蚤蝇围住被蜘蛛杀死的子弹蚁

B 体长仅3—4 mm的蚤蝇

C 蘑菇长在子弹蚁身上

6 危险的外来客——红火蚁

红火蚁属于蚁科火蚁家族，全世界约有
280种。它们都是小型蚂蚁，工蚁体长只有3—
6毫米，腹部后端有根带有剧毒的毒刺。人被
蜇刺后感到火灼般地疼痛。火蚁中伤人最为严
重的种类几乎通体红色或棕红色，因此它们被
统称为"红火蚁"（图6.1）。

图6.1 ‖ 红火蚁

红火蚁的"老家"在哪

现今许多国家和地区把红火蚁标注为"危
险的外来客"。若问红火蚁为什么被认为是极
其危险的入侵有害昆虫，这就要说到它的老家。"老家"即原产地或分布区。红火蚁的分布区原本限
于南美洲巴拉那河流域，包括巴西、巴拉圭与阿根廷等国家。

是什么时候、在什么情况下红火蚁成为其他国家"危险的外来客"的？一种说法是，1918年一艘
来自南美的货船，无意间将红火蚁带到美国，接着传播到更多的地方。另一种说法是，1930年因检疫
工作上的疏漏，红火蚁入侵美国南方，随后蔓延至美国南部和西南部13个州，泛滥成灾，造成美国农
业经济上的损失与环境生态的新问题。

图6.2 ‖ 侵入中国的红火蚁的一个巢窝

　　此后，虽然许多国家极力防范、堵截红火蚁的入侵，然而借助世界交通之发达及贸易全球化，通过货柜运输及园艺引种等途径，到了2001年，这种恶名昭彰的害虫跨越大洋扩展至澳大利亚、新西兰，其数量之多已对部分区域造成农业与环境的危害。

　　2004年中国台湾首次发现红火蚁，2005年初中国香港和中国澳门也有发现，2006年红火蚁已经在广东、广西、海南的部分地区为害。到了2021年，侵入中国的红火蚁扩散至12个省（区、市）435个县（市、区），很多地方发现有红火蚁的巢窝（图6.2）。尤其近几年来新增入侵区加倍迅速扩大，在城市公园绿地、农田、林地及其他公共地带都发现有红火蚁，引起了各方面的关注。

红火蚁有多危险

　　红火蚁时常叮人蜇人，属于较危险的蚂蚁（图6.3A）。一般蚂蚁攻击人时用口咬，将蚁酸注入被咬者的伤口；而红火蚁不一样，它会先用锐利的大颚猛咬（图6.3B），接着蜇入尾刺，注射含有生物碱及毒蛋白的毒液，引起过敏反应。

图6.3　A　又叮又刺的一只红火蚁
　　　　 B　红火蚁锐利的大颚

红火蚁属于地栖性蚂蚁，它们的巢穴就构筑在地下近地面处。稻田、菜地、果园、竹林、旷地、荒坡，甚至居民住房、校园和公园绿地、草坪等多种生境，它们都可能筑巢而居。挖洞搬运出来的土粒就近堆积在巢穴口，看上去像地面上的一个小土包（图6.4A），人们容易误踩，引得群蚁出窝猛咬。因此，红火蚁与人接触机会多，经常发生叮人现象。红火蚁筑巢群居以及大批量聚集活动的习性，有时会堵塞灌溉渠道，还会引起野外电力及其他设施的损毁（图6.4B）。

图6.4　A　红火蚁筑巢挖土堆成的小土包
　　　　B　地下巢窝内大群红火蚁

受到红火蚁叮刺，轻度受害者患处红肿、瘙痒、疼痛，长水疱，一旦感染就会变为脓疱；严重过敏者会出现头晕、发烧、意识模糊、咽喉水肿等症状。如果大量红火蚁毒液同时注入人体，受害者可能因严重过敏而有休克甚至死亡的危险。据报道，自红火蚁入侵美国后，每年有数以百万计的人被蜇受伤，超过80人因毒素过敏伤害致死。

红火蚁的厉害在于食性广而杂，动植物通吃，而且觅食能力极强，善于成群结伙捕食多种昆虫（图6.5A），就连蜘蛛、蜈蚣、千足虫、蚯蚓等也不放过，甚至能集成大群攻击蛙类和蜥蜴等较大型的动物。红火蚁也采食植物花蜜与种子，可取食100多种野生花草及50多种农作物。它们大量采食植物的活动，直接损毁入侵地区的农作物（包括大豆、玉米、甘薯、马铃薯及多种蔬菜、果树等），造成作物产量减损，成为农业生产的大敌（图6.5B）。

图6.5　A 红火蚁群捕虫
　　　　B 红火蚁动植物通吃

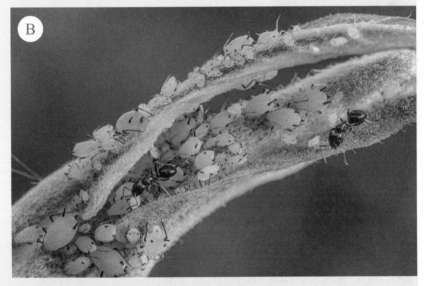

红火蚁群体数量多，生存和发展需要大量营养物质。因此，红火蚁的工蚁不仅成群取食植物汁液、花蜜，到处捕食小动物（图6.6A），还喜欢从蚜虫、介壳虫身上获取它们排出的蜜露。因此，红火蚁照管、保护蚜虫和介壳虫，与这些人类深恶痛绝的大害虫互惠共生，成为它们的"保护伞"（图6.6B）。

红火蚁是出了名的农业及医学害虫。由于大量入侵，红火蚁的捕食活动导致本土昆虫种群数量剧减，各种地面生活的动物也会显著减少，造成入侵地区生物多样性下降，带来严重的生态灾难。据调查，城市绿地一旦遭红火蚁入侵，该地蚂蚁种类可减少一半以上。美国一项研究报道，在一些红火蚁入侵泛滥的地区，多种鸟类受到伤害和威胁。

因此，世界自然保护联盟把红火蚁收录为较具破坏力的入侵生物之一。我国将它列为进境植物检疫性有害生物。

图6.6　A 出巢觅食的红火蚁
　　　　B 爱吃蜜露，红火蚁照管蚜虫

红火蚁何以泛滥成灾

这些原本不起眼的小小外来蚂蚁，为什么经过短时间就泛滥成灾？究其原因，首先是入侵地区的环境条件适合其生存；更主要的是，红火蚁本身具有极强的适应新环境的能力和繁殖性能。

工蚁　　　　兵蚁　　　　蚁王　　　　有翅繁衍蚁

图6.7 ‖ 红火蚁群体结构中的不同品级

和其他蚂蚁类群一样，红火蚁也是典型的社会性昆虫。群体中各个品级齐全，包括雌、雄有翅繁殖蚁，雌性蚁王（蚁后），兵蚁和工蚁（图6.7）。不同品级职责分工明确，但又相互依存，缺少任何一个品级，群体便不能生存。

一个成熟的红火蚁群，巢内可能有多达24万只工蚁。就算是未成熟的一窝也会有8—10万只，其中有少量有翅繁殖蚁（图6.8A）。巢中的一只雌性蚁王每天可产800—1500粒卵，如果食物充足，产卵量便多（图6.8B）。有些红火蚁的群内可能有2只甚至多只雌性蚁王，红火蚁觅食活动总是成群结伙（图6.8C）。

图6.8
A　巢内的有翅繁殖蚁
B　雌性蚁王及其产下的大批卵、蛹及幼蚁
C　红火蚁群出巢寻找食物

51

一种蚂蚁的一个群，到底是单一雌性蚁王群还是多蚁王群，这是基因决定的。要是一窝红火蚁拥有两只雌性蚁王，每天产卵可多达3000粒，这会使红火蚁的繁殖更加快速。有翅繁殖蚁婚飞时散播距离可达1—3千米远，如有风力助飞则可扩散得更远。

红火蚁的生活史包括卵、幼虫、蛹和成虫4个阶段，经过8—10周完成一阶段。工蚁在蚁群中数量最多，包含大、小两种类型，都是不能生育的雌蚁。兵蚁体形较大，负责保卫蚁群和蚁巢。雌性蚁王可终生不断产受精卵。有翅的雌蚁和雄蚁，由工蚁喂养长大，成熟后飞离巢窝，在空中飞行配对不久雄蚁死去，受精的雌蚁大多也会被天敌吃掉，或因环境不适而死去。但是只要有少数雌性准蚁王存活并成功建立新群，很快就会繁育成千上万，继续蔓延发展。适应性和繁殖力强是红火蚁泛滥成灾的主要原因。

红火蚁入侵地区处于温暖湿润地带，全年蚁巢内往往都有新的有翅生殖蚁成熟。和周期性或季节性婚飞的蚂蚁种类不同，红火蚁全年都可以进行婚飞，使得其繁殖速度倍增。

再者，红火蚁体小身轻，利用身体防水的吸附垫和爪子，能够耐受水淹（图6.9A），整个群体甚至能够结成漂浮的"救生筏"（图6.9B）。当遭遇洪水时，它们会从巢穴中迅速爬出，抱成团随水漂流，虽然外围的工蚁可能会被水冲散或淹没，但等洪水退去或者蚁群靠岸，群体又可很快集结，数量也可重新恢复。

红火蚁之所以迅速扩张与入侵危害新地区，是与跨境运输、城市建设等人类活动有关的。例如，红火蚁或其幼体随建材运输、草皮移植、花卉、苗木等的调运而传播扩散。专家认为，这些都是红火蚁的主要传播途径。

图6.9　A 红火蚁随水流漂流传播
　　　　B 红火蚁"救生筏"

防控红火蚁要注意什么

红火蚁拉丁学名的含义就是"无敌的蚂蚁"。防控红火蚁首先要认识它们。当然，红色的蚂蚁不一定是红火蚁。见到 3—6 毫米个体大小悬殊、其胸部与腹部间有 2 个明显的结节，巢为圆形的小土丘， 高出地面10—30厘米，土丘上没有明显的出入口，这几点是红火蚁及其巢穴的显著特征。

红火蚁的天敌种类很多，包括多种鸟类、蜻蜓、蜘蛛（图6.10A）等。它们在红火蚁婚飞及建群时捕食准蚁后或蚁后。即使成功建立新群的红火蚁及其幼虫也会被捕食性螨虫或甲虫吃掉。在红火蚁的原产地南美洲，食蚁兽（图6.10B）、犰狳等主要是以昆虫为食的。在中国，有鼩鼱等捕食红火蚁，并有几十种蚂蚁与红火蚁竞争，它们也会闯入红火蚁巢穴，捕食蚁后。此外，红火蚁还有特殊的寄生天敌，例如寄生蚤蝇（图6.10C）、寄生蜂，还有真菌和一些病原微生物同样是红火蚁的天敌克星。

图6.10
A 跳蛛猎捕蚂蚁
B 食蚁兽靠黏性长舌一顿吃了万只蚁类
C 寄生蚤蝇飞向红火蚁

7

蚂蚁家族中的另类——蓄奴蚁

通常人们见到的蚂蚁，绝大多数种类靠采食植物或猎杀其他动物为生。习性特殊的切叶蚁靠培养真菌喂养幼蚁，原产于北美墨西哥的蜜蚁（又叫蜜罐蚁、蜜壶蚁）靠采集并储存蜜汁作为食粮。这已经够令人称奇了，可是，自然界里还有更奇特的蚂蚁，那就是专靠掳掠其他种类蚂蚁来给自己做"奴蚁"的悍蚁。顾名思义，悍蚁就是凶悍、强横的蚂蚁，是蚂蚁家族中绝无仅有的"蓄奴蚁"。

生活在南美洲的悍蚁，又叫亚马孙蚁；生活在北美洲西部的是另一种，称为亮悍蚁；生活在欧洲和西亚的是红悍蚁；分布在日本和中国东部的叫作佐村悍蚁；蒙古国境内也生活有另一种悍蚁。

超级杀器——大颚

全世界已知有8种悍蚁，种类虽不多，却赫赫有名，都会蓄养其他种类蚂蚁作为奴蚁。为什么悍蚁奴役、蓄养其他种类蚂蚁？悍蚁靠什么才能够掳掠其他种类蚂蚁、横行一方？

悍蚁体形较大而健壮，许多种类身体呈枣红色；有的种类全身黑褐色，外壳闪闪发光；有的种类的有性雄蚁身体乌黑，如同披着铠甲（图7.1A，B）。最突出的特征是，它们的一对大颚就像带锯齿的"镰刀"，尖端十分锋利。这对超级大颚成为悍蚁骁勇善战、抢劫掳掠其他蚁类的"超级武器"（图7.2）。这样的大颚不适合筑巢、觅食或者照料幼蚁，用来"打家劫舍"、刺穿其他蚂蚁的外壳，却是再合适不过了。悍蚁擅长的事情，就是征战和掠夺。

图7.1 | A 红色悍蚁
        B 黑色悍蚁

单眼

复眼

触角

大颚

图7.2 ‖ 看看这对大颚

55

更令人惊奇的是，悍蚁不像其他种类蚂蚁，既有专门负责打仗的兵蚁，也有专管劳作的工蚁，而是所有的工蚁都可变成兵蚁，外出抢掠奴蚁。

横冲直撞，掠夺奴蚁

悍蚁征战掠夺奴蚁无须理由，却是有计划、有组织的，目标就是抢夺其他弱小蚂蚁的幼蚁、蚁蛹和卵，搬运回自家窝巢，将它们蓄养成为奴蚁。

首先，悍蚁派侦察蚁外出到邻近区域巡察，寻找适宜进攻的蚂蚁巢窝。一旦锁定目标，侦察蚁就返回自己的巢穴，一路留下气味作为标记。然后，悍蚁群集结，排成密集的纵队，在侦察蚁的带领下，快速行进，气势汹汹地向目标蚂蚁的巢穴蜂拥而入（图7.3）。

图7.3 ‖ 悍蚁攻入它种蚂蚁的巢窝

图7.4　A　遭袭击蚁群的兵蚁战败了
　　　　B　悍蚁的大颚是天生的刺刀

　　凶猛的悍蚁在别家蚂蚁的巢里横冲直撞，遭到入侵的蚁群会奋起保护自己的家园和幼小。但在"武器"精良、能征善战的悍蚁面前，弱小者通常抵挡不住，防线被突破。这时如果受攻击方的蚁群不撤退，立马会被悍蚁锋利的"刀尖"刺穿。尽管受攻击蚁群的兵蚁恪尽职守、奋力抵抗，但有的力气不佳，被身强体壮的悍蚁压在身下（图7.4A），有的躲闪不及，被悍蚁的大颚刺中（图7.4B）。加之悍蚁队伍中还有带来一批助战的奴蚁，那是悍蚁先前抢来的他种蚂蚁的幼蚁，养大后听从悍蚁指令的"亲兵"。它们会一起攻入受害蚁群的巢窝，并立即向窝巢内部推进，寻找抢掠目标。

57

在悍蚁"大镰刀"的挥舞下，虽然受劫掠的蚁群溃不成军，但它们依然顽强拼斗，部分兵蚁和工蚁仍会护着它们的雌蚁王夺路逃生。战败者知道，保住雌蚁王，蚁群的重建才有希望；许多工蚁急忙叼起自家的卵、蚁蛹或幼蚁（图7.5A）躲入草丛。等到战事过去，它们会聚到一起，另建或重修家园。这时悍蚁的抢掠开始了（图7.5B）。

当大获全胜的悍蚁群找到遭袭蚁群的育幼室，它们便明目张胆地抢走蛹和幼蚁（图7.6A，B）。

图7.5　A 遭袭击蚁群的工蚁抢救自家的幼蚁
　　　　B 悍蚁抢走了别家的蛹

图7.6　A 攻进育幼室
　　　　B 赶快搬运吧

58

悍蚁最喜欢袭击和抢夺的对象，主要是个头较小、防卫能力较差的丝光褐蚁、新红林蚁、灰蚁等蚁属蚂蚁。通常一窝悍蚁数量不多，大约一两千只，外出抢掠常倾巢出动，还会带领部分先前蓄养的成年奴蚁当作亲兵。这样一方面可以壮大悍蚁声势，更重要的能帮助悍蚁搬运战利品回巢（图7.7）。

谁来蓄养奴蚁

悍蚁掠走的别家的蚁蛹和幼蚁，在混战及搬运时有些会被锋利的"镰刀"刺坏，有些会受到碰撞或挤压而亡，也有些会被随同出征的奴蚁当作营养品。无论如何，悍蚁总会靠征战抢夺、补充其奴蚁队伍。悍蚁自己不会筑巢，也不能照顾幼蚁，那么，抢劫搬运回巢的蚁蛹或幼蚁，靠谁来照管和蓄养？

图7.7 ‖ 悍蚁的战利品成堆

实际上，这些未成年"准奴蚁"是靠先前抢来养大了的成年奴蚁饲喂和蓄养的。

一回到自家窝巢，悍蚁就把掠夺来的蚁蛹和幼蚁交给巢内成年奴蚁照料。这些幸存的外族幼虫和蚁蛹在蓄奴蚁的巢中成长、生活，身上被涂抹上蓄奴蚁家族的气味物质。它们长大以后，全都成了新的奴蚁，心甘情愿为蓄奴蚁尽力工作。日常生活中悍蚁不能承担的劳作，统统依靠养大的成年奴蚁去完成，包括寻找食物，照管幼蚁，清洁巢窝，饲喂悍蚁蚁王、所有悍蚁和新近抢掠来的未成年准奴蚁。每当悍蚁队伍外出抢劫奴蚁时，一些成年奴蚁还会充当蓄奴蚁的"亲兵"，跟随外出"打家劫舍"，包括攻击、抢掠其原先家族的巢窝。

图7.8 ‖ 奴蚁回吐食物饲喂悍蚁

凶猛霸道的悍蚁，由于舌头太短，大颚又太长，自己很难进食，也要靠奴蚁饲喂。图中左上方灰色的奴蚁回吐食物，嘴对嘴饲喂悍蚁，这成了所有蓄奴蚁正常的进食方式（图7.8）。

如果没有奴蚁以回吐食物的方法喂饱悍蚁，不能自行进食的悍蚁即使抢来很多吃的，仍然会饿死。

除了征战抢掠时精神抖擞，悍蚁平时无所事事，即使在搬家挪窝时，也不肯自己行走，也要靠奴蚁将它们搬运到新巢。离开了奴蚁，悍蚁就无法生存下去，它们成了地道的过寄生生活的"奴隶主"（图7.9）。

蓄奴蚁的生存策略

大多数种类动物的同种个体可以和平相处，至少不互相残杀。但蚂蚁家族不一样，就连同种不同窝的蚂蚁也是不相容的，只要闻到气味有异，蚂蚁立即群起为保卫自己的家园（领域）而争斗，发生你死我活的群体战争。蓄奴蚁以蓄养奴蚁的方式，使得不同种类蚂蚁可以生活在同一窝巢里，让人们见识到蚂蚁社群的特有类型及生态的多样性。除非是"主奴"关系，蚂蚁窝巢里绝不允许有不同种、不同窝的蚁类存在。

实际上，自幼在悍蚁巢穴中发育成长

图7.9 ‖ 蓄奴蚁和奴蚁在一起

奴蚁

蓄奴蚁

的奴蚁,已经把自己当作悍蚁的同类,忠诚服务于群体。悍蚁巢中"主""奴"的比例大约是1∶5(图7.10)。有的种类悍蚁奴役两种蚂蚁:新红林蚁和丝光褐蚁。新红林蚁生性比较凶猛(当然凶不过悍蚁),在悍蚁外出掠夺时,它们常作为"亲兵"跟随出征,还帮助悍蚁守护巢穴;而生性温顺的丝光褐蚁则留守巢中做"家务",照顾幼蚁。

奴蚁寿命不长,常折损减员。因此,每隔一段时间,蓄奴蚁就要发动战争,再去掠夺,以便蓄养足够数量的奴蚁,来伺候整个蓄奴蚁群。在一个1000只蓄奴蚁的蚁群中,奴蚁的数量竟然多达5000只。一位瑞士昆虫学家曾经观察到,一群约千只的悍蚁在一次大获全胜的征战中,竟然俘获了2万多只其他族的蚁蛹和幼蚁。

悍蚁对周围蚂蚁群的偷袭、征战并非每次都得手,如果对方数量多、防卫强,守住了巢口,悍蚁可能无果而归。一旦攻破被抢蚁群的防线,悍蚁们就要带走一批该蚁群的幼蚁或蛹,削弱该种蚁群的力量,同时将异族幼蚁和蚁蛹养育成为奴蚁,让它们长大后死心塌地跟随悍蚁,再次去抢掠自己的亲属蚁群。

多么强悍、聪明而又狡诈的蓄奴蚁!

61

隐秘生活的害虫——白蚁

白蚁和蚂蚁，名字里都带个"蚁"字，而且白蚁俗称"白蚂蚁"。这很容易让人们误会，以为白蚁和蚂蚁非亲即故，甚至是一家子。实际上，依据科学家的研究，它们是两类完全不同的昆虫——白蚁属于等翅目，蚂蚁属于膜翅目。它们是亲缘关系很远、区别十分明显的两类昆虫。

白蚁和蚂蚁的区别在哪里

人们只要稍加仔细观察和比较，便能看清蚂蚁和白蚁在体形结构、生态习性、发育模式等诸多方面都存在明显差别。

首先，以无翅型的成体白蚁和蚂蚁做对比：白蚁的体色多为浅白色或灰白色、身体柔嫩，胸部和腹部连接处比较宽阔；触角是念珠状的、节数较多（图8.1A）；而蚂蚁的体表有一层坚硬的外骨骼保护着，体色多数比较深，身体胸腹分明，胸腹之间明显有个"细腰"，触角屈膝状、节数较少（图8.1B）。

就生态习性来说，白蚁群常年生活在地下或木质巢窝中，适应黑暗、潮湿的生境，害怕阳光和干旱。它们行动和取食时，需要有泥土或木板等遮掩物的防护，一旦缺水或暴露在阳光下，白蚁必死无疑。蚂蚁虽也筑巢生活，但工蚁经常要到野外寻找食物，它们不怕光、耐干旱，几乎各种蚂蚁的工蚁和兵蚁，都能在野外活动。因此，蚂蚁几乎遍及全球；而白蚁离不开温暖、湿润的环境，主要分布在全球热带、亚热带温暖湿润地区。

图8.1 | A 白蚁
　　　　 B 蚂蚁

在白蚁和蚂蚁的生活周期中，都会出现有翅繁殖蚁。两者比较，有翅白蚁和有翅蚂蚁形态也明显不同：有翅白蚁前、后翅的形状和大小相似，翅长都超过体长；而有翅蚂蚁的前翅比后翅长且宽，其后翅长度不超过体长（图8.2）。

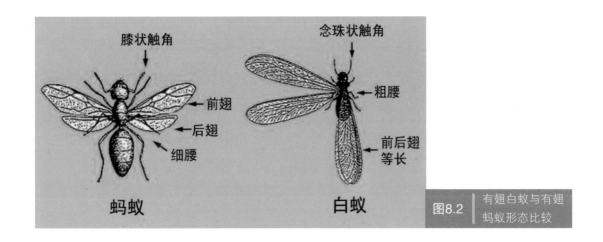

图8.2 | 有翅白蚁与有翅蚂蚁形态比较

就生长发育过程来看，蚂蚁属于完全变态昆虫，发育经历卵→幼虫→蛹→成虫四个阶段。而白蚁发育只经过卵→幼虫→成虫三个阶段，没有蛹阶段，不经过变态过程，属于不完全变态昆虫。

白蚁和蚂蚁的差别足以证明，这两类昆虫显然是从不同的祖先起源发展来的。它们起先就不是一家子。根据化石研究得知，白蚁是古老、原始的昆虫，在地球上出现距今已2.5亿年；而蚂蚁是昆虫中后起的较为进化的一支，在地球上出现距今不过1亿年。

如果说蚂蚁和白蚁有什么共同点，那便是它们都属于社会性昆虫，都过群体生活。

白蚁的吃和住

全世界已知白蚁约3000种，都生活在群体中，大的群体可包含100万以上的个体，小群体也有数万个体。如此多的白蚁吃什么，靠什么过日子？

白蚁食性很广，所需营养主要源于植物性纤维素及其制品，也能兼食真菌，偶尔也吃含淀粉、糖类和蛋白质的物质等，还可从微生物中补充营养物质。此外，白蚁也能吞食同一蚁巢内同伴的尸体、幼蚁发育中蜕下的皮，在缺乏食料的情况下，也会吞食白蚁卵甚至幼蚁。偶尔人们也见到白蚁会蛀食人造纤维、塑料、电线，甚至砖头、金属等。它们是以蚁酸之类的化学物质来腐蚀、消解这些物体的。

白蚁最常吃的是木质材料，无论干木料制品（图8.3A）或新鲜的湿木料（图8.3B），都可能遭到白蚁的入侵和蛀食，它们是自然环境中能高效降解木质纤维素的昆虫之一。

为什么别的昆虫不能消化木质纤维，而白蚁可以？那是因为白蚁的体内有许多和它们共生的鞭毛虫。鞭毛虫能够分泌专门消化木料的酶，将木质素分解为双方都能吸收利用的营养物。

木质纤维材料可以说到处都有，白蚁在生活地区终年能够找到食物，它们入侵到哪里便吃到哪里，因此白蚁没有储存食物的习惯。而一些生活在有低温或旱季地区的蚂蚁则有贮粮习性。

白蚁栖居场所和它们的食性密切相关，能给它们提供足够多食物的地方，就是它们适宜的栖居地。通常人们按白蚁栖居环境，将它们分为木栖性白蚁及土木栖性白蚁两大类。

64

图8.3　A　蛀食死木料的白蚁
　　　　B　蛀食活树木的白蚁

　　木栖性白蚁的栖息场所为木料或木制品，巢穴和白蚁群体都在木材内部。一旦离开木材，白蚁就无法生存。也就是说，这类白蚁有其固定的栖息场所，而且栖息场所同时也是其取食场所。不过，有一部分木栖性白蚁喜欢生活在水分含量高的木材中，换句话说，它们偏爱栖居在腐朽的烂木料里（图8.4A）。

　　土木栖性白蚁筑巢于土壤或建筑物空隙中，也可筑巢于死木材或活树干及树根中，或者两者兼而有之。一个巢群的白蚁，可能一部分栖居在地下土巢中（图8.4B），一部分生活在木材中，栖息场所和取食场所有时不一致，但距离很近。这类白蚁群体庞大，巢穴结构复杂，个体数量多，从数千只到数十万只不等，温暖潮湿的巢内常有大量真菌（图8.4C）。

在非洲及南美洲等地广阔的热带稀树草原，无数白蚁群体营造地下巢穴。它们挖土堆积成2—3米高的大小土丘（也称为蚁冢），景象十分壮观，白蚁也因此被誉为动物世界的建筑大师。当地气候干旱，白蚁生活在土丘下面（图8.5），有些白蚁土丘已经存在上千年。

相对于体长只有几毫米的白蚁工蚁，它们建造的"城堡"不是简单的土堆，其雄伟程度堪比人类的"摩天大楼"，最高的达到4.8米。白蚁采用挖出的泥土混合嚼碎的枝叶和自身排出的粪便建造居住场所，外部坚硬如混凝土，内部环境适宜居住，通风效果堪称完美，可收集冷凝的水滴，犹如安装空调一般。一些白蚁穴内甚至建有"真菌农场"。

图8.5　瞧！小白蚁的大工程——白蚁丘

66

多态性的白蚁群体

白蚁是典型的社会性昆虫，巢群中具有多种不同品级的个体，包括繁殖蚁、兵蚁、工蚁和若蚁。繁殖蚁又包括原始型和补充型两类，原始型是从母巢中分飞出去的长翅型繁殖蚁，雌雄配对后脱去双翅建立新巢群。当巢内原有蚁王、蚁后衰老或死亡，补充型繁殖蚁就会替代原有蚁王、蚁后，进行繁殖以保持巢群稳定。白蚁巢内不同成员适应各自承担的职责，其身体结构、形态、大小明显有别，它们各司其职、分工协作（图8.6A）。

藏身洞穴过隐蔽生活是白蚁行为生态的一面，群体结构复杂、成员多样则是白蚁组织严密的体现。从白蚁群体的成员构成足以看到其品级结构的多种多样，繁殖蚁的类型齐全有后备（图8.6B）。典型的多态性群体是这一古老原始昆虫类群生存至今的保障。

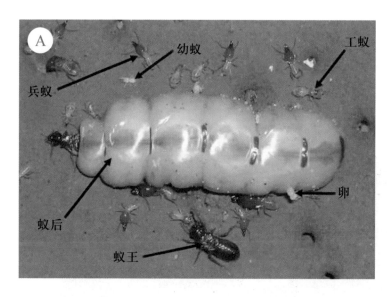

图8.6 ‖ A 白蚁群体的构成

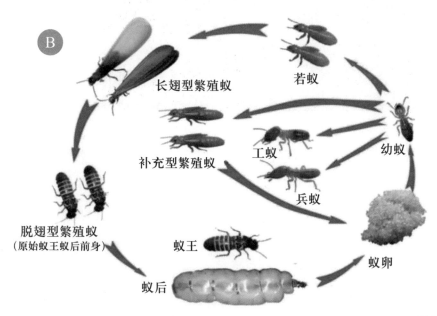

图8.6 ‖ B 白蚁的生活史

67

白蚁卵很小，呈白色或褐色，半透明，椭圆形。卵孵化出的个体即为幼蚁。幼蚁尚无翅芽，蜕皮后出现有翅芽的个体，称为若蚁。若蚁形态接近成虫：两根触角、六只脚、身体头胸腹三部分区分明显（图8.7A）。

工蚁和兵蚁都是若蚁经蜕皮发育长成的，它们的生殖器官不完善，无生殖功能。在白蚁群中工蚁数量最多，承担巢内繁杂的日常工作，如建筑蚁巢，开掘隧道，修建蚁路，采集食物，饲育幼蚁、兵蚁和蚁后，看护蚁卵，清洁卫生，培养菌圃等工作。工蚁是白蚁群体的基础成员，没有工蚁也就没有白蚁群。兵蚁数量比工蚁少很多，专门保卫巢窝、蚁后及蚁王。兵蚁体形大于工蚁，橙色的头部长而硬实（图8.7B）。绝大多数白蚁群体中有专职的兵蚁，少数种类白蚁群体中无兵蚁，由大个头工蚁"兼职"兵蚁。

图8.7　A　白蚁巢内的成员
　　　　 B　白蚁工蚁与兵蚁

不同种类白蚁兵蚁有大颚型和象鼻型两类，前者有强大的上颚，好似一把大钳子，与入侵者搏斗就靠它撕咬刺杀（图8.8A）。后者有发达的额鼻，由头前方延伸呈象鼻状，当与敌方搏斗时，它可喷出有毒胶质分泌物，粘住敌害（图8.8B）。

图8.8　A　南美白蚁群的大颚型兵蚁
　　　　B　澳大利亚白蚁群的象鼻型兵蚁
　　　　C　象鼻型兵蚁冲过去守卫巢穴缺口

蚁后 蚁王

图8.9
A 一批长翅型繁殖蚁
B 众多工蚁和兵蚁伺候的"王"

长期生活在黑暗环境的白蚁工蚁和兵蚁无眼或仅存痕迹，但这毫不影响它们的群体生活和繁衍后代。

繁殖蚁唯一职责是为群体延续后代，它们有完善的生殖器官。在白蚁家族中，每个群体都有一对雌雄白蚁专管繁衍后代，此即原始蚁后与蚁王。有些群体还有长翅型候补蚁后及蚁王（图8.9A），偶尔还有无翅型候补蚁后及蚁王。长翅型繁殖蚁通常在春季或夏季聚集成群，飞出巢外交配，然后脱落双翅，幸存者建立新巢，扩大族群。

通常交配后雄白蚁死亡。蚁后才是群体中真正的女王（图8.9B）。蚁后可能活 25 年，它那特别庞大的腹部贮满了卵，每天起码产 2000 粒卵，最多的一天产上万粒卵，一生可生产超过几亿只后代。多产高产无疑也是白蚁成功的生存策略。

白蚁危害知多少

白蚁繁殖快、食性广，只要环境条件适宜，就能生存和迅速蔓延扩散，其危害性极大。对建筑、交通设施和通信设备都能造成毁灭性破坏。白蚁的为害隐蔽性强，往往从内部掏空，造成房倒屋塌等。

70

白蚁对农林植物的危害更是普遍，林木、果树和农作物等都会遭受白蚁侵害。土木栖白蚁会取食植物的根、茎，尤其是幼苗、嫩茎和根部。被白蚁蛀蚀的树木不能正常生长，有的树木因白蚁蛀食空心而枯死（图8.10）。

白蚁对江河堤围和水库土坝的破坏也非常严重。白蚁群能在江河堤围和水库土坝内密集营巢，迅速繁殖，巢窝星罗棋布，蚁道四通八达。有些蚁道甚至穿通堤坝的内外坡。自古就有"千里之堤，溃于蚁穴"的说法。

由于白蚁的危害涉及人们的衣、食、住、行，以及国家经济建设的方方面面，这类害虫完全有资格和蚊子、苍蝇、蟑螂、蚜虫并列为"世界五大害虫"。

目前各地已经有了预防、早期发现以及扑灭白蚁的方法，也有了清除白蚁的专业队伍，然而白蚁的防治至今依然是一项重要的工作，不能掉以轻心。

图8.10 ‖ 树木受害枯死

值得提及的是，白蚁在自然界有多种天敌，例如蚂蚁、蜘蛛、蛙类、蟾蜍、食虫鸟类、蜥蜴、穿山甲、针鼹、犰狳、土狼、食蚁兽和食虫蝙蝠等。如能着力改善生态环境、维护生态平衡，增加白蚁天敌动物的种群数量，它们就是人类科学管控白蚁的同盟军。

9 设置"沙陷阱"的蚁蛉幼虫——蚁狮

大名鼎鼎的蚁狮，是一类在捕食蚂蚁时凶猛如狮的昆虫幼虫的统称。蚁狮是幼虫？不错！蚁狮的成虫叫作蚁蛉，全球已知约2000种。蚁蛉是一类身体长、双翅也长，相貌奇特的飞虫（图9.1），能够捕食蚊、蝇等小昆虫。蚁蛉的双翅为透明膜质，翅面上有许多纵脉和横脉相互交织，主要依据这项特征它们归属于脉翅目蚁蛉科。

图9.1 ‖ 蚁蛉

蚁蛉生育的幼虫蚁狮自幼便是"杀手"。蚁狮的捕食能力比它们的父母还要厉害，凶猛如"狮"，所以它们被称为"蚁狮"。由此可见，蚁蛉这类昆虫不论是幼年还是成年，都能捕食其他种类昆虫。对许多小动物来说，它们确实是可怖的杀手；但对人类来说，它们没有丝毫危险。

哪里有蚁狮

当然，有蚁蛉的地方就会有蚁狮。蚁蛉广泛分布于北美、欧洲、亚洲和非洲的荒漠半荒漠地带，生活在温暖干燥的地方。很多昆虫不喜欢干旱的环境，尽量避免在沙地生活，然而蚁狮偏偏喜欢在阳光充足有干沙土的干旱生境栖息，移动的松散沙地更是它们的最爱（图9.2A）。即使在农田附近，凡是在有细干沙土的荒地或沙土坎等小生境里，都可能生活有蚁狮。因此，当地俗称它们为 "沙猴""沙牛""沙牯牛""金沙牛""倒行狗"等。那些带"沙"字的名称，反映蚁狮对沙地的适应，甚至"靠沙吃沙"；之所以有"倒行狗"之名，那是因为蚁狮除了捕捉猎物时是前行，其他时候的行进都采用倒退的方式，确实与众不同。

一处适合的小生境，通常会有许多只蚁狮同时相中。它们分别打造沙陷阱，比邻而居，使那里成为过往小虫们的葬身之地。打造沙陷阱这种活儿，蚁狮天生就会，可能一晚上就能打造好一个。因此在白天人们通常见不到蚁狮在干活，而是看到它们已经打造完成的一个个圆形的小沙坑（图9.2B）。对于蚂蚁等路过的小动物，这片沙坑就是夺命的"雷区"。

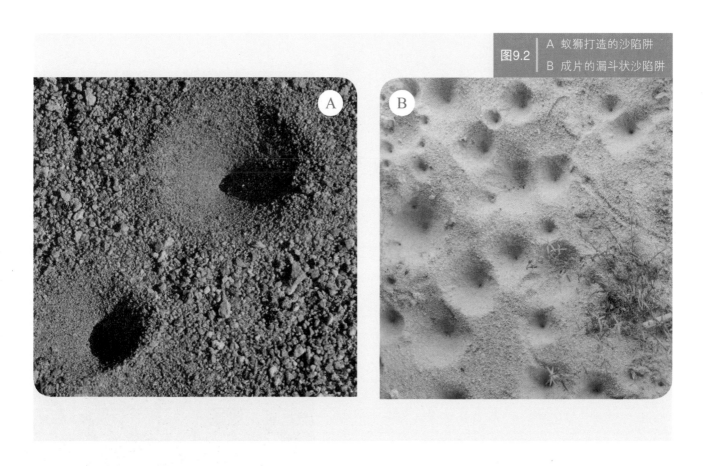

图9.2　A 蚁狮打造的沙陷阱
　　　　B 成片的漏斗状沙陷阱

蚁狮身体很小，只有6—10毫米长，而且经常藏身在沙子里面，只露出那对颚管在外面，如果它们静静不动，人们几乎是看不见它们的。至于成虫蚁蛉，必须到沙地附近的草灌丛去寻找。

蚁狮和蚁蛉，模样大不同

幼虫蚁狮与其成虫蚁蛉（图9.3）模样截然不同。

蚁狮体形近似纺锤状，头部扁平，头和前胸较小，中、后胸比较发达，腹部厚实宽大，体表生有许多带刚毛的小疣粒，时常粘些沙土伪装隐蔽身体。蚁狮最突出的特征是口前端有一对强大的镰刀形弯管——一对由上下颚形成的颚管，构成双刺吸式口器（图9.4）。

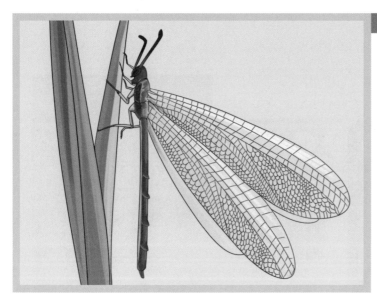

图9.3 ‖ 成体蚁蛉

图9.4 ‖ 带毒的大颚是蚁狮的捕猎利器

成体蚁蛉长23—32毫米，头部较小，腹部细长，两对翅长达35毫米。它的口器为咀嚼式，可捕食蚊、蝇、蚜虫、蚂蚁等小型昆虫。休息时，蚁蛉双翅覆盖体背直到腹部末端，属于中型或大型昆虫。蚁蛉身长翅也长，粗略一看有点像豆娘。其实只要细看，便能分清它们。蚁蛉全身暗灰色或暗褐色，前翅上有散碎小黑斑，触角明显比豆娘的长，呈棒状，尖端逐渐膨大并稍弯（图9.5A）。而豆娘体态优美、颜色鲜艳，刚毛状的触角很短，前、后翅形状几乎一样（图9.5B）。

图9.5　A 蚁蛉
　　　　B 豆娘

改造环境，创新捕食奇招

蚁狮不但完全适应松散沙地的生活，而且还进化得能够利用和改造沙地环境，创造出能够满足自身捕食需要的沙坑陷阱。蚁狮进化出与众不同的形态结构，从而演绎出极致独特的生活方式及行为生态，如此奥妙的进化在昆虫界实属罕见。那么，只有人类一个指甲盖大小的蚁狮，是如何迅速打造出捕食陷阱的呢?

首先，蚁狮会寻找合适的细沙地面，选择昆虫频繁往来的必经之地打造陷阱。地点选好后，它便将身体倒退着螺旋着向下钻，以腹部铲起细沙，一边向下钻一边用大颚向外弹抛沙子，使沙坑变成上宽下窄的漏斗状，并使得漏斗壁四周平滑陡峭。用不了多长时间，便会钻出一个深 3—5厘米、最宽处直径可达10厘米的"沙漏斗"。陷阱设好后，蚁狮的整个身体倒钻入漏斗底部，藏身于薄薄的沙层下，只露出那对镰刀形大颚（图9.6），在那里静静等待猎物自动送上门来。

由于陷阱漏斗壁又陡又滑，路过的蚂蚁等小动物稍不注意，会随着松散的沙粒一起滑下漏斗底。尽管猎物挣扎着往上爬，但在流沙斜坡上无论如何站不住，连滚带爬都无法逃离。有的猎物不断挣扎并向上爬，惊动了藏在沙层里的蚁狮，蚁狮立刻施展其拿手"绝招"，对着猎物一次次弹抛沙粒，将

76

猎物击中，使其再次跌落坑底（图9.7）。然后，蚁狮找准机会用大颚钳住猎物拖入沙中，分泌毒液麻醉猎物后注入消化液，将猎获物的肉体器官溶化为营养丰富的肉汁，然后吸食净尽，直到猎物只剩下一堆干巴空壳（图9.8A，B）。

蚁狮吸饱猎获物的浆汁后，为免泄露行踪，每次都会把猎物外壳遗骸踢抛得远远的，然后重新整理好陷阱，等待它的下一顿美餐。就捕食效率来说，蚁狮所打造的沙陷阱堪称完美。

图9.7 ‖ 藏身沙中，伺机袭击猎物

图9.8　A 一只蚂蚁滑落沙陷阱
　　　　B 沙陷阱——蚁狮的餐厅

蚁狮是有益昆虫吗

蚁狮、蚁蛉都具有捕食性，而且捕食的大多数是害虫。它们是人类生物防治农业害虫的"好搭档"。为适应独特的捕猎方法，蚁狮的身体结构与行为方式都发生了适应性的改变，是属于极少数为生存而改造环境的昆虫。它们为昆虫的多样性增添了别具一格的风采（图9.9A，B）。

在自然界，蚁蛉和蚁狮都有许多天敌，很多种类的动物能够捕食它们。加上沙荒地不断被人类开发，有些种类蚁蛉的数量变得稀少，蚁狮也相应变少，被列入濒危动物红色名录。应当优先保护蚁狮的卵、幼虫、蛹、成虫以及其栖息环境，要留给它们生活需要的沙地，甚至人为创建一些沙地环境，让小蚁狮们安居乐业。要是你在野外见到蚁狮修建的小小沙陷阱，那可是它们赖以生存的家园，千万不要去毁坏它们！

图9.9　A 一种蚁狮幼虫
　　　　B 一种蚁蛉

10

扫码获取
☑ 昆虫诮诮乐
☑ 飞虫小百科
☑ 科普资讯集
☑ 观察云日记

世界最大的蝴蝶——鸟翼凤蝶

世界最大的蝴蝶是博物学家阿尔伯特·斯图尔特·梅克1906年在大洋洲巴布亚新几内亚的热带雨林首次发现的。当年这项考察自然、采集昆虫的活动是英国银行家沃尔特·罗斯柴尔德所资助的。1907年，他以英国国王爱德华七世的王后亚历山德拉的名字，命名了这种世界上最大的凤蝶。因此这种蝴蝶全名为亚历山德拉鸟翼凤蝶，有时可简称鸟翼凤蝶。

图10.1 ‖ A 成体雌性鸟翼凤蝶

鸟翼凤蝶什么样

亚历山德拉鸟翼凤蝶丰姿多彩、独特迷人，其雌蝶与雄蝶的体形、色彩、斑纹都不一样，明显属于雌雄两态，很容易区分。雌蝶比雄蝶大，雌蝶翼展可达28—31厘米，体长8厘米，体重可达12克（图10.1A）。雄蝶也相当大，翼展可达16—20厘米。亚历山德拉鸟翼凤蝶的体形，在鳞翅类及所有鸟翼凤蝶类中，无疑是独占鳌头的。它们被称为"鸟翼凤蝶"，就是因其特大的体形、起角的双翅及如同鸟类的飞行姿势。

79

雌性亚历山德拉鸟翼凤蝶的翅膀圆而阔，呈巧克力棕色，上有排列成行的白色斑纹，躯体为乳白色，胸部有红色斑块。

雄蝶的前翅较长，顶端呈棱角状，躯体比雌蝶稍细，腹部呈亮黄色，双翅色泽呈孔雀绿或宝蓝色，翅面上间有宽窄不一的黑色条带，后翅上有金色小点（图10.1B）。

图10.1 ‖ B 成体雄性鸟翼凤蝶

与众不同的生理与生态

亚历山德拉鸟翼凤蝶能飞得特别高，常在雨林中数十米高大乔木的上方翩翩飞翔（图10.2）。据发现者的记载，这种蝶的第一个标本并不是用一般捕虫网捕获的，而是用一把小猎枪打下来的。后来考察得知，它们在觅食或产卵时才会飞到离地面几米高的地方。

图10.2 ‖ 像鸟似的飞得很高

和其他凤蝶类似，亚历山德拉鸟翼凤蝶成虫以花为食，在清晨和黄昏特别活跃，觅食积极。雄蝶在适宜繁育后代的林木附近盘旋飞翔，寻找成熟的雌性。雌蝶一天的大部分时间在寻找安全的产卵场所。雄蝶依靠释放性信息素引来雌蝶，被雌蝶接受的雄蝶，双双降落并配对。雄蝶（图10.3）表现有很强的领地意识，会驱赶其他雄蝶，争夺配对机会。

这种鸟翼凤蝶雌蝶产浅黄色卵，比别的蛾蝶类的卵要大得多，但数量却比较少。理想条件下鸟翼凤蝶一生最多可能产240粒卵，多数情况下一生只产30粒卵。从卵孵化为幼虫，经几次蜕皮化蛹，蛹变态羽化为成年蝴蝶，整个过程约需4个月。这种鸟翼凤蝶成体通常可能再活3个月，而大多数普通蝴蝶成体只能活1个月左右。

亚历山德拉鸟翼凤蝶的幼虫呈黑色，背部有成行红色的刺状凸起，身体中部有一段明黄色带，呈现鲜明的警戒色（图10.4）。幼虫一出世，先吃自己的卵壳，随后的毛虫阶段便大吃大嚼寄主植物马兜铃的叶片和嫩茎，并将含有马兜铃酸的毒素物质积累在体内。采食有毒寄主植物、积累毒素是某些蝴蝶幼虫非常重要的生存手段，大部分掠食者会因惧怕毒性而避免捕食它们。

图10.3 ‖ 雄蝶色彩更艳丽

图10.4 ‖ 鸟翼凤蝶的高龄幼虫

图10.5 ‖ 鸟翼凤蝶的蛹

亚历山德拉鸟翼凤蝶的蛹呈金黄色或棕褐色，带有黑色的斑纹（图10.5）。虽然鸟翼凤蝶生活在热带暖湿地带，其蛹期仍需要一个月或更长时间。新一代鸟翼凤蝶在清晨空气湿度还很高的时候破蛹而出。如果太阳出来，空气湿度下降，巨大的翅在完全展开之前可能就已干掉。

濒危与保护

这种世界上最大的蝶类分布区狭小，局限在巴布亚新几内亚东部大约100平方千米的沿海雨林中。依托原生态热带雨林的庇护，产地面积虽不大，但原先数量还是丰富的。然而自1989年以来，由于种群数量变得稀少，鸟翼凤蝶被世界自然保护联盟列为濒危物种，被《濒危野生动植物种国际贸易公约》列入附录Ⅰ。低繁殖率、过度采集以及雨林生境遭破坏，多因素叠加是造成鸟翼凤蝶濒危的原因。20世纪50年代拉明顿火山的爆发及近年油棕种植园的开发，摧毁了鸟翼凤蝶大片的栖息地，这也是它目前稀有的关键原因。

这种蝴蝶的国际商业贸易属于非法，其黑市价格却也更加高涨。据报道，2007年在美国一对这种鸟翼凤蝶的售价高达8500—10000美元。2001年，加拿大一位著名研究员因非法进口6件标本被罚款5万美元。

当地政府已经重视这个物种的价值及其濒危现状，开始建立保护区，实行就地保护，组织训练当地原住民收集虫卵、蝶蛹，大力开展人工增殖与繁育（图10.6A，B）。越来越多的人明白，栖息地的缩减和破坏是鸟翼凤蝶主要的生存威胁，要想永久保有地球上这种最大、美丽、奇特的蝶类，首先必须保护它们的栖息环境——原生态热带雨林。

图10.6 | A 居民协助保育蝶类
B 居民协助保育蝶类

83

11

世界最大的蛾类——皇蛾

前一章介绍了世界上最大的蝶类——亚历山德拉鸟翼凤蝶，这一章要介绍世界最大的蛾类——皇蛾。

蛾蝶两支，有同有异

蛾类与蝶类是鳞翅目昆虫中的两大分支。它们因具有鳞翅及虹吸式口器等共同特征，而被归属于同一鳞翅目，但它们又有显著的区别而被区分为两支。它们明显的区别是：蝶类的触角细长、呈棒状、末端膨大，蛾类的触角多为丝状或羽状；蝶类停息时双翅竖在体背（图11.1A），蛾类停息时双翅展开在身体两侧（图11.1B）；蝶蛹是裸蛹，蛾蛹则有丝茧保护；蝶类多白天活动，蛾类多夜间活动等。

| 图11.1 | A 蝶类停息姿态 |
| | B 蛾类停息姿态 |

皇蛾的学名是乌桕大蚕蛾，又名三角大蚕蛾等，属于鳞翅目大蚕蛾科。在中国，皇蛾是最大的蛾类，因而广受关注。但就全球来看，在中美洲、南美洲还出产一种强喙夜蛾（又称白女巫蛾，图11.2），其翅展宽度超过皇蛾，达25—30厘米，为世界第一。因此，就翅展宽度而论，皇蛾只能屈居世界第二大蛾类。

图11.2 ‖ 白女巫蛾

虽然皇蛾翅展宽度世界第二，但是它具有400平方厘米的世界第一的翅幅面积，加上它们的色彩和斑纹，看一眼便令人印象深刻（图11.3）。人们因此把"皇"字赋予它，"皇蛾"之名可能源于此，而皇蛾的正名乌桕大蚕蛾可能和其幼虫喜欢吃乌桕的叶片有关。

图11.3 ‖ 皇蛾巨大的体形

外貌靓丽，独特壮观

皇蛾外貌巨大壮观，名副其实。成虫体长约 4 厘米，翅展宽度可达 18—21 厘米，只要看看图 11.3 中的皇蛾和一只普通昆虫大小的比较，也就一目了然了。皇蛾幼虫也超级巨大，成熟的幼虫可长达 10—12 厘米，同样算得上毛虫中的"巨无霸"。

成体皇蛾的翅面呈枣红色，前、后翅的中央各有一个三角形无鳞粉覆盖的透明区域，被称为"假眼斑"，周围有黑色带纹环绕，这些是皇蛾显眼的形态特征（图 11.4A）。另外，皇蛾的前翅端部向外凸伸，形状似蛇头，呈鲜明的黄色，上缘有一黑色圆斑，恰似蛇眼。这又是皇蛾独有的奇妙特征之一，因此皇蛾又被人叫作蛇头蛾（图 11.4B）。皇蛾宽大翅面上的斑纹整体看起来宛如"地图"，因此又有地图蛾之名。

假眼斑

A 雌性皇蛾
图11.4
B 雄性皇蛾

A

B

比较可见，雌性皇蛾的触角较细、呈丝状，雄性皇蛾的触角较宽、呈羽状。雄性皇蛾的体形和翅展宽度都比雌蛾稍小。

皇蛾生存秘诀

皇蛾没有尖刺、锐齿、毒腺、臭腺等防御装备。生来既大又显眼的皇蛾，何以能够在竞争激烈的自然界生存至今？人们不禁要问，它的生存秘诀是什么？

皇蛾分布在东亚、东南亚、南亚，包括中国南部、马来群岛以及泰国、缅甸、印度等地，它们生活在热带及亚热带雨林。茂密郁闭的森林环境是它们藏身避敌的好地方（图 11.5）。常绿森林一年到头都有新鲜的叶片供幼虫取食。乌桕、樟树、冬青、枫、榆、小檗等林木的叶片是皇蛾幼虫喜爱的食料。

皇蛾的主要天敌是食虫鸟类和树栖蜥蜴，这些天敌是靠视觉猎食的。可以想象，皇蛾张着双翅停息在枝叶上时，它那像蛇头的翅端，给飞近前来的鸟儿造成错觉。鸟儿很可能因惊疑而放弃捕猎（图 11.6A，B）。而且皇蛾和有毒的眼镜蛇生活在同一地区，甚至同一生境，匆忙的捕

图11.5 ‖ 枝叶上的皇蛾

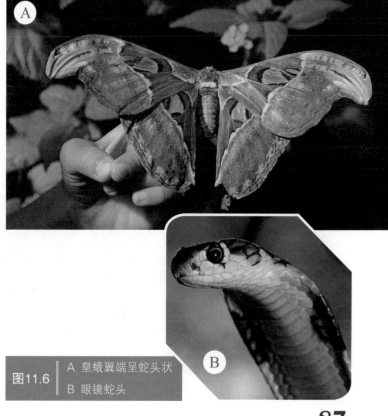

图11.6 A 皇蛾翼端呈蛇头状
　　　　 B 眼镜蛇头

87

食者对猎物会看走了眼。或许有不甘心的捕食者靠得更近，千钧一发之际，呼！皇蛾的双翅张开了，突然出现两个"蛇头"（图11.7），常常使捕食者带着困惑和惊吓逃走。

　　许多研究者认为，皇蛾翅端拟态蛇头，可以起到恫吓天敌及保护自身安全的作用。枣红配合亮黄的鲜艳体色，翅上鲜明的 4 个假眼斑，显得既夸张又迷幻。对于皇蛾 4 个大而鲜明的假眼斑，有人认为这是警示、恐吓天敌的求生策略；也有的研究者认为大胆的猎食者攻击皇蛾，大多会冲着假眼斑下口，翅破损了，但其重要的腹部保住了，雌蛾依然能够带伤繁衍后代；还有人认为，皇蛾演化出如此奇特的身体结构和行为生态，其潜在的生存意义尚待深入探讨。

　　皇蛾家族得以世代绵延、繁衍至今，一方面靠避敌求生，另一方面靠良好的繁殖能力。

图11.7 ┃ 四个"蛇头"为配对的皇蛾保驾护卫

皇蛾家族怎样传宗接代

破茧化为雌成虫的皇蛾，通过释放性信息素，引导性成熟的雄蛾前来。雄性皇蛾的羽状触角具有灵敏的气味感知功能。即使远在千米之外，雄蛾也能接收到雌蛾所释放的荷尔蒙。作为森林昆虫的皇蛾，雌蛾并无远飞的习性，通常在栖息地附近感知气流的方向，顺风扩散其所分泌的信息素。

交尾后的雌蛾一次产卵可达 300 多粒，卵为灰白色、椭圆形，长度可达 3 毫米。母虫常把卵成堆产于树叶的背面，比较隐蔽和安全。约两周后，卵孵化为幼虫出壳，刚孵化的幼虫呈浅灰色（图 11.8A）。皇蛾幼虫蜕皮 5 次，经 6 个龄期，刚蜕皮的幼虫呈鲜绿色，后变成淡黄绿色（图 11.8B）。

刺突

图11.8　A　皇蛾的低龄幼虫
　　　　　B　皇蛾的高龄幼虫

刺突

89

皇蛾幼虫长相与众不同，低龄幼虫背部长有一列肌质的刺突（见箭头所指），刺突上长满一层白色的蜡质粉，使天敌失去捕食它们的胃口。高龄幼虫沿背部生成两列深黄或橙色凸出的肉棘，其上有细长的黄绿色毛（见箭头所指）。

皇蛾幼虫很贪吃，尽情地啃食出生处树木的叶片，很快长成体长达 12 厘米的超大型毛虫。这时它便开始在枯叶间吐丝结茧，茧呈棕红色、椭圆状（图 11.9）。茧内的皇蛾蛹约于 4 周后蜕变成蛾，破茧而出。皇蛾从卵经幼虫、蛹至成虫这一完整阶段，也即完成一个世代约需75—87 天。

奇怪的是，破茧而出的雌、雄成体皇蛾，口器会自动脱落（图 11.10），它们不吃不喝，仅靠幼虫时期积蓄在体内的剩余能量维持生命。成虫只为繁殖后代，完成传宗接代的大事，一至两个星期后便会死去。

人工养殖，意义重大

皇蛾是自然界赐给人类的超级大蚕蛾。东南亚的一些原住民，曾经靠采收野生皇蛾的丝为生。在印度，当地居民

图11.9 ‖ 皇蛾的茧蛹

图11.10 ‖ 口器已脱落的成体雄性皇蛾

有饲养皇蛾的习惯，主要目的也在于抽取它们的丝。在我国皇蛾产地，人们称其为大山蚕，早已有人工养殖。皇蛾的茧丝是紫褐色的，制成的衣服既透气又保暖。有的地方称皇蛾为七彩蛾，作为观赏昆虫饲养。成体皇蛾的飞行姿态美极了，从枝头或从人们的手掌上它都能振翅起飞，展开它那宽大的翅膀，如同艳丽的彩蝶（图11.11）。

目前，我国的皇蛾列入"三有"保护动物。过去一些产地对皇蛾的利用长期停留在资源粗放开发水平。由于栖息地的缩减和生态环境的变化，加之过度捕捉，皇蛾数量急剧减少，局部地区甚至已濒临灭绝。人们必须通过有效保护或人工增殖、养殖并放归自然，以帮助皇蛾种群尽快复壮。

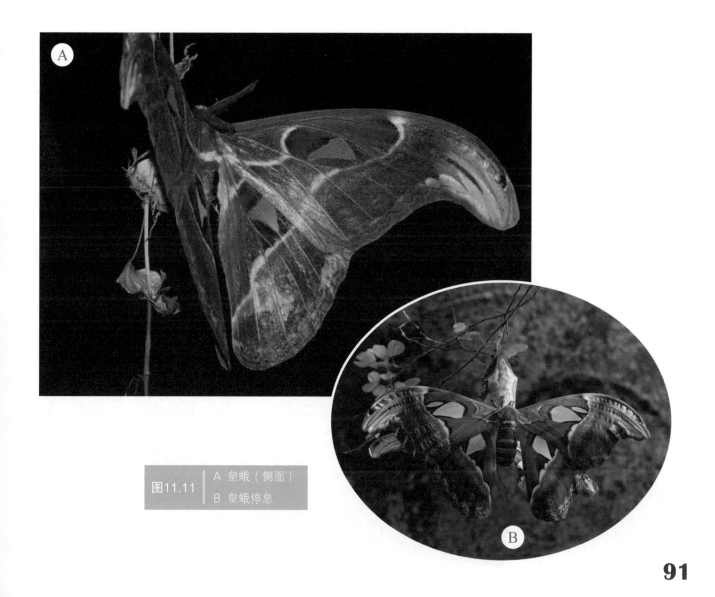

图11.11
A 皇蛾（侧面）
B 皇蛾停息

12 最具破坏性的害虫——蚜虫

蚜虫俗称腻虫、蜜虫。目前科学界已知的蚜虫家族成员多达 5000 种，其中大约 250 种是严重危害农林和园艺植物的恶名昭著的害虫。它们是繁殖速度极快的昆虫之一。它们身体虽然微小，但数量却多得难以胜数，也因此成为地球上最具破坏性的害虫之一。凡是有花草树木、菜园苗圃的地方，都可能有正在刺吸汁液、危害植物的蚜虫。

蚜虫是小型昆虫，不同种类大小不一，但体长仅为 1—6 毫米。常见的蚜虫体长大多为 1—3 毫米。如此微不足道的小虫，何以成为地球上最具破坏性的害虫之一？让我们来探查一番它们的底细！

有翅蚜与无翅蚜

蚜虫出现在地球上已经超过 2 亿年。它们适应性强、种类繁多、数量巨大、分布广泛、生态类型多样。不同种类蚜虫的形态结构自然有所差别，多数种类身体半透明，大部分呈绿色或白色，也有黑色、棕色、粉红色和红色的蚜虫（图 12.1A，B，C）。

图12.1
A 绿色蚜虫
B 红色蚜虫
C 黑色蚜虫

蚜虫身体具有一些特别结构，有别于其他昆虫。最显眼的是它们腹部背侧有 1 对长长的腹管，腹部末端有 1 个尾片（图 12.2A）。腹管能排出可迅速硬化的防御液——腹管蜡。有学者认为，蚜虫遇到敌害时可从腹管分泌报警激素，警告同伴迅速逃避。不同种类的蚜虫尾片形状不同，有圆锥状、指状、半月状等。

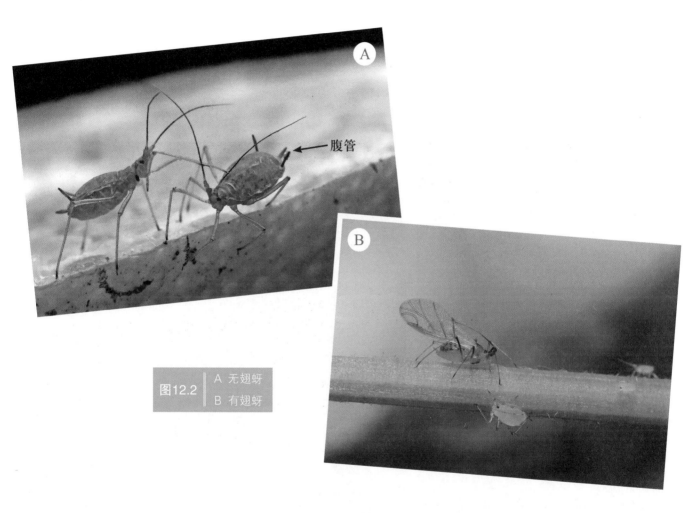

图12.2　A　无翅蚜
　　　　 B　有翅蚜

奇怪的是，同一种蚜虫竟有无翅和有翅两种类型，属于多态昆虫。其无翅个体靠 3 对长腿行走，有复眼无单眼。有翅个体（图 12.2B）既有 3 对长腿，还有宽大的膜质翅，除了生有 1 对复眼，有的还具有单眼。别看蚜虫弱小细嫩，它们的口器却是带吸嘴的小口针，能刺穿植物表皮层，专门吸食植物汁液，就像吸血的蚊子。当一棵植株上的蚜虫过密时，有翅蚜便快速飞往附近田野，找新的寄主植物。

蚜虫的厉害由此可见一斑！

刚出生就身怀有孕

　　繁衍后代、兴旺家族是所有动物与生俱来的本能。在快速生育方面，蚜虫进化出一种十分成功的模式，无须受精便能生育后代。这种繁殖方式称为"孤雌生殖"。

　　几乎所有种类的蚜虫都能孤雌生殖，而且生出来的不是卵，全是和母蚜一模一样、活生生的雌性幼蚜。更神奇的是，这类雌性幼蚜在母蚜体内时已经孕育了新一代胚胎。它们刚出生就已身怀有孕，很快也能孤雌生殖下一代。也就是说，从未受精的蚜虫雌性细胞不仅能够发育，还可以代代相传，不断生育正常的后代（图12.3A，B）。

图12.3 | A 有翅蚜孤雌生殖
　　　　 | B 无翅蚜孤雌生殖

94

平常人们能察觉到，大豆叶片上蚜虫的数量轻易就能翻倍增多。因为每只雌蚜平均每天可以生出 9 个后代，新一代又可数十倍激增。根据科学家的观察，蚜虫的孤雌生殖在整个春季至秋季可繁衍 10 代到 30 代。想想吧！可以说蚜虫是地球上真正的繁殖狂。

深秋临近，气温下降，草木枯黄。随着季节更替，蚜虫准备越冬。这时候的雌蚜会生下雄性和雌性后代，然后这些有性后代经过交配产生受精卵。这些卵能够也必须经受寒冬的考验，到第二年春季又能孵出一批雌性蚜虫（特称干母），接着就又展开了新一轮争分夺秒的孤雌生殖，短时间快速繁育的无数蚜虫子孙纷纷以刺吸式口器刺向绿色植物。这就说明了环境决定蚜虫种群的数量动态。

生活在一年中四季分明的地区的蚜虫，其生命周期与季节交替同步，也即无性生殖与有性生殖交替进行（图 12.4）。它们对环境变化的适应达到了完善的程度，在温暖季节利用环境中充足的营养保

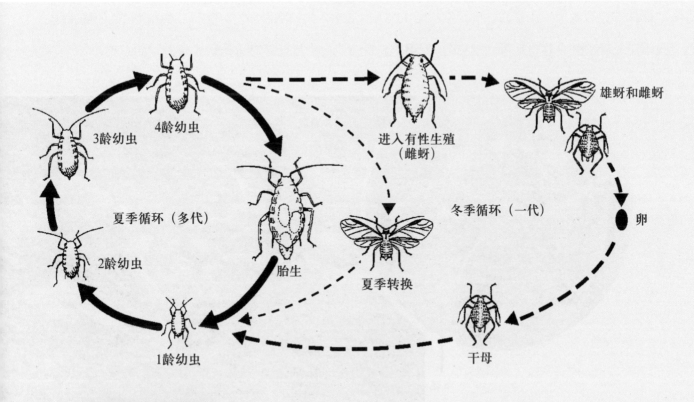

图12.4 ‖ 蚜虫的生活史

95

证了孤雌生殖尽量多地繁育后代。寒冬将至之时则通过有性繁殖产生抗性良好的受精卵安全越冬。同理，在热带、亚热带以及温带等终年温暖的生境中生活的蚜虫，可年复一年地一直进行孤雌生殖，不出现有性生殖及越冬受精卵，它们每年可能连续孤雌生殖 20—30 代。

在陆地生活的不完全变态昆虫的幼体称为若虫，蚜虫属于不完全变态昆虫。若虫与成虫的形态和生活习性基本相似，只是体形较小，性器官未发育成熟。蚜虫的若虫也是这样的。

蚜虫蜜露与蚂蚁保镖

许多人发现，有蚜虫的地方一定会有蚂蚁。为什么？因为蚜虫与蚂蚁之间有"微妙的合作"，是和谐的共生关系。蚜虫属于半翅目，蚂蚁属于膜翅目，亲缘关系很远。蚜虫弱小，蚂蚁强悍，两者何以能够合作共生？

原来，有些种类蚂蚁喜爱甜食，工蚁除自己采集花蜜外，还会利用蚜虫取得蜜露。蚜虫通过吸取植物的养分分泌出一种蜜露，供蚂蚁（图12.5A）食用。蚂蚁和蚜虫友好相处，蚂蚁照管、保护蚜虫，替蚜虫驱赶草蛉、食蚜蝇等天敌（图12.5B）；蚜虫则以产出的蜜露供蚂蚁吃食并带回蚁巢。

蜜露

图12.5　A　蚂蚁爱吃蚜虫蜜露
　　　　　B　蚂蚁保护蚜虫

蚜虫以吸食植物汁液为生，由于植物汁液中的氨基酸含量低，而糖分含量高，它们需要从植物汁液中大量摄取所需的氨基酸，同时将过量吸入的糖分排出体外。蚜虫的"甜蜜排泄物"，就成了蚂蚁最喜爱的琼浆玉露。

看！每隔一会儿，蚜虫都会翘起腹部，开始分泌含有糖分的蜜露。工蚁过来用大颚把蜜露刮下，吞进嘴里，大约每过1小时蚜虫就会分泌一次蜜露。蚜虫的蜜露对于蚂蚁来讲就像"牛奶"一样甜美，因此，蚂蚁照管蚜虫有点像牧民放牧和照管"牛群"。其实，蚜虫排出黏糊糊的蜜露，需要蚂蚁为之提供"清洁服务"，以免蜜露封住排泄孔影响活动。在蚂蚁的保护下，蚜虫种群能更快地发展壮大。在蚂蚁—蚜虫共生体系中，双方都能获益。

生存对策花样翻新

毫无疑问，蚜虫家族的多态结构、孤雌生殖、与蚂蚁共生等特点，都是蚜虫在竞争激烈的自然界形成的利于生存的有效对策。可别小看蚜虫，它们不单会保护自己，而且进化出更多的招数，促进整个家族的繁荣昌盛。尽管一只蚜虫平均只能活30天，甚至更短，但蚜虫家族在地球上已经成功生存了2亿年。

小小蚜虫善于自我保护，玩转各种各样生存模式。

植物组织遭受昆虫取食或产卵刺激后，细胞加速分裂和异常分化而生成的瘤状物或凸起，称为虫瘿。一些种类的蚜虫会钻入植物内部，通过唾液酶的作用引起植物异常生长，从而形成保护壳——"蚜瘿"（图12.6A）。蚜虫可以安全生活在瘿壳中，从而保护自身免受天敌的捕食。榆树叶上的水泡状囊、云杉树、杨树叶和茎都会形成蚜瘿。盐肤木上的蚜瘿即有名的中药材——五倍子（图12.6B）。等到虫瘿长

蚜瘿

图12.6　A 蚊母树上的蚜瘿
　　　　 B 盐肤木上的五倍子蚜瘿

大变红、破裂，里面的蚜虫迁往第二寄主，继续为害。

有一些蚜虫（例如棉蚜）能够分泌一层蜡质绒毛状物质，覆盖于体表来进行防护（图 12.7A，B）。蜡质覆盖物不影响蚜虫的行动，而对于蚜虫的天敌来讲，它们就失去胃口了。

蚜虫还具有动物界极为罕见的一种超能力。它们竟然能像植物一样，进行光合作用合成类胡萝卜素。只要有阳光，蚜虫就能给身体补充能量，更助长它们神速的繁殖。这也实在太神奇了！

蚜虫（有翅蚜）不仅能够短距离迁飞，而且还能依仗身轻体小随风飘荡，进行远程迁移。例如，莴苣蚜虫就被认为是通过远程迁移从新西兰传播到塔斯马尼亚岛的。蚜虫迁飞扩散寻找寄主植物时，每到一地会反复尝试植物的适口性，因此它们携带的病毒会传播给更多植物。

图12.7　A 棉蚜
　　　　B 许多苹果棉蚜

蚜虫打造的"帝国"

一只干母蚜虫在春季来临时可以生产千千万万的蚜虫，它们打造的"蚜虫帝国"就在我们身边。蚜虫的数量远超人类，它们常群集在植物嫩叶背面或嫩茎上吸取汁液（图 12.8A），花蕾和花也是蚜虫密集为害的部位。蚜虫的危害轻则使植株生长矮小，叶子卷曲，影响花蕾正常开放，抑制顶部幼芽的生长；严重时还会造成叶片皱缩变形、枝叶枯萎甚至整株死亡。

许多种类的蚜虫以其寄主植物命名，常见的例如玫瑰蚜虫（图 12.8B）、桃树蚜虫、马铃薯蚜虫、黄瓜蚜虫、大豆蚜虫和小麦蚜虫等。有些种类的蚜虫只以一种或少数几种植物为食，有些随季节的变化更换不同寄主，也有少数种类蚜虫多食性、寄主多、为害广。蚜虫是植物烟煤病（图 12.8C）、花叶病等的传播媒介。

图12.8
A 蚜虫为害叶片
B 玫瑰蚜虫为害玫瑰嫩茎
C 植物烟煤病

99

另外，蔬菜嫩叶上蚜虫排泄的蜜露，往往会滋生霉菌，影响植物的光合作用和呼吸作用，造成寄主植物组织腐烂变色，导致植株大规模染病死亡。植株上只要沾满黑色黏性物质、发育迟缓，就意味着发生蚜害，必须采取措施管控蚜虫。

管控蚜虫，天敌最重要

时至今日，人们从未停止消灭蚜虫的活动。各地研究、发明了多种措施，包括农业防治、物理防治、化学防治以及综合防治等，但是蚜虫灾害依旧猖獗。现实提醒人们，病虫包括蚜虫灾害是生态失衡造成的。实际上，自然界原本有许多蚜虫的天敌，同时生长着多种有助于吸引和维护天敌动物的植被。长时间过量使用农药杀虫剂，使蚜虫的天敌昆虫遭到杀灭，蚜虫数量快速回升。

近年来，人们认识到自然灭蚜、以虫治虫是生物防治蚜虫的好方法，既能保护天敌昆虫，又能创造无蚜害的环境。

蚜虫身体柔软，容易被捕食。瓢虫、食蚜蝇、蚜狮、草蛉、蜘蛛、螳螂、食蚜瘿蚊等都是捕食蚜虫的能手。例如瓢虫的成虫（图 12.9A）和幼虫都捕食蚜虫，每只成体瓢虫一天能吃掉上百只蚜虫，其幼虫的食量更大（图 12.9B）。蚜虫的天敌就是帮助人类灭蚜的"天兵天将"。

 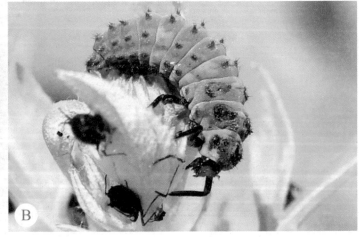

图12.9　A 瓢虫成虫捕食蚜虫
　　　　 B 瓢虫幼虫捕食蚜虫

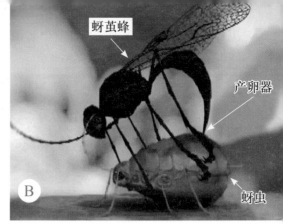

图12.10　A 蚜茧蜂奔向蚜虫
　　　　　B 蚜茧蜂在蚜虫体内产卵

蚜茧蜂
产卵器
蚜虫

　　有的种类寄生蜂简直是灭蚜"特种兵"。例如体长仅 0.8—2.6 毫米的蚜茧蜂，却是蚜虫家族的克星。它们专门寻找蚜虫成虫，一旦发现立即飞奔前去（图 12.10A），迅速弯曲腹部，伸出产卵器，刺入蚜虫体内产卵（图 12.10B）。蚜茧蜂能将卵产于烟蚜、菜蚜、棉蚜等体内，待到寄生的蚜茧蜂虫卵孵化变为幼虫后，即以寄主蚜虫的器官组织为食，遭受蚜茧蜂卵寄生的蚜虫，随着寄生蜂幼虫不断生长，不久虫体便膨胀如球，外壳变成黄褐色而死去（图 12.11A）。随后在寄主体内羽化的新一代蚜茧蜂成虫，咬穿寄主蚜虫的腹部"破壳而出"（图 12.11B），飞出另找新寄主去了。

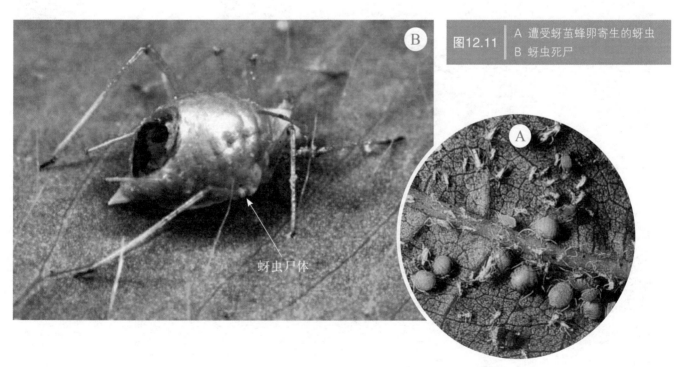

图12.11　A 遭受蚜茧蜂卵寄生的蚜虫
　　　　　B 蚜虫死尸

蚜虫尸体

蚜虫除了受到捕食性昆虫和寄生性昆虫的攻击外，也常受到细菌、真菌以及病毒的侵染。据此，科学家利用适宜的真菌、细菌、病毒以及能够分泌抗生物质的抗生菌等微生物制剂防治蚜虫。

利用一类生物控制另一类病虫害生物的方法叫作"生物防治"。生物防治的最大优点是不污染环境，不会引发生态风险。

蚜虫有天敌，螳螂、食蚜蝇（图12.12）、草蛉、瓢虫等都捕食蚜虫，七星瓢虫幼虫捕蚜量超过成虫；蚜虫也有朋友，蚂蚁爱吃蜜露而成为蚜虫的"保护伞"。因此，驱赶蚂蚁，使捕食性昆虫完成灭蚜工作，应是灭蚜措施的重要组成部分。可修剪植物下部，让蚂蚁接近不了植株，在茎秆下部涂抹黏性物，以防蚂蚁爬上。

图12.12 ‖ 食蚜蝇幼虫捕蚜

13

五技全能的穴居奇虫——蝼蛄

蝼蛄属于直翅目蝼蛄科，全世界已知 100 多种，中国有华北蝼蛄、东方蝼蛄、台湾蝼蛄等十余种。蝼蛄各地的俗名可多啦，地拉蛄、土狗子、拉蛄、喇喇蛄、田小狗等。顾名思义，它们是"土生土长"、生活在地下的穴居昆虫（图 13.1）。

生活在地下，就得会挖洞，蝼蛄靠什么挖洞？

图13.1 ‖ 蝼蛄成虫长这样

图13.2 ‖ A 前足是蝼蛄自备的"挖土机"

蝼蛄有天然的"挖掘足"

绝大多数种类的昆虫在陆地上生活，少数种类在淡水中生活，而蝼蛄家族却能够生活在土壤里。它们靠什么挖洞穴居？瞧！它的一对前足很特别，结实强壮，呈宽厚手掌状（图 13.2A），边缘长着坚硬的片状尖齿。这是蝼蛄名

A

103

副其实的"挖掘足",好似一架迷你型"挖土机"。在昆虫世界中,它显得非常强大、锐利,这就是蝼蛄用来挖土筑穴的工具(图13.2B)。

仔细观察就能发现,蝼蛄的挖掘足外翻,能使上劲。每只挖掘足上的4个齿(趾爪)就像钉耙一样,这样的结构挖掘效率

挖掘足

图13.2 ‖ B 强大、锐利的挖掘足

高。蝼蛄在地面遇到危险时,它们能极快地挖出一条"土遁"的通道。

蝼蛄身体呈圆筒状,三对足健壮有力,这利于它们在土中穿行,还能倒退着爬行。蝼蛄全身还生满短绒毛,即使蝼蛄是"土行孙",整天和泥土打交道,其全身也总是干爽清洁的(图13.3A)。这一点也是科研人员正在进行仿生研究的模本。

不要小看蝼蛄那对长度不过1厘米的挖掘足,它能挖土深达30—40厘米(最深可达1米多)。这样一来,蝼蛄就可以让自身藏在冻土层下面安全地越冬(图13.3B)。人类发明的挖土机就是学习蝼蛄的"挖掘足"而创造出来的,是仿生学的重要成果!

图13.3
A 干爽清洁的蝼蛄
B 正在挖土的蝼蛄

蝼蛄喜欢生活在潮湿、肥沃的土壤中，在那里进行挖土活动更容易。沿河两岸、渠道两旁、水浇地及盐荒地等是蝼蛄集中的栖居地。村庄附近、苗床地、堆粪地、菜园地，也是蝼蛄最爱的住处。因此，民间历来有蝼蛄"趋粪土性"和"跑湿不跑干"的说法。

身怀五项技能的奇虫

成体蝼蛄有两对翅，前翅短，后翅长（图13.4），能短距离迁飞，可飞高5—6米。在夜间，蝼蛄偶尔会飞入居民楼二层亮灯的房内。它们显然具有趋光性，但飞抵灯下后，会爬到暗处。蝼蛄身体比较重，难以长时间飞行，每次持续飞3分钟左右，便需要停歇，然后再飞。

图13.4 ‖ 成体蝼蛄展翅

蝼蛄会游泳。在靠近水滨的土穴中生活的蝼蛄幼体，落水后能迅速游回岸边，重新钻入洞穴中隐蔽生活。成体蝼蛄也善于游泳（图13.5）。初生3—5天的蝼蛄表现有集群性，稍大后分散生活。

成体蝼蛄类似其表亲蝈蝈（都属直翅目），也靠两前翅摩擦发声，尤其在五、六月交配盛期的夜间频繁鸣唱。蝼蛄的鸣声为低沉、拖长的"r"声，与蟋蟀或蝈蝈响亮的鸣声明显不同，容易判别。

有经验的农民会说："光听拉拉蛄叫，就不种庄稼啦？"本意是说，庄稼地有害虫蝼蛄在鸣叫，难道就不种庄稼啦？

蝼蛄藏身地下，产卵也在地下，卵的数量多，为害作物和庄稼，自古就是农民的大敌。古人早已对蝼蛄的生态习性有所了解，认为蝼蛄是一类擅长挖洞、善于爬行、会飞行、能游泳，同时可以鸣唱的奇特昆虫。蝼蛄这五种技艺在《劝

图13.5 ‖ 蝼蛄游泳

105

学篇》中就有记载："能飞不能过屋，能缘不能穷木，能游不能渡谷，能穴不能掩身，能走不能先人。"这真是对蝼蛄生态极为生动的写照，一方面反映蝼蛄五技全能，同时指出其技艺不精。

在现代人看来，蝼蛄行动起来真是"水陆空"全能，但就"挖洞"这项技能来讲，蝼蛄无疑属于高手。这也是蝼蛄赖以生存、繁衍至今的看家本领。

蝼蛄的生命周期

我们知道，蝴蝶一生经历卵→幼虫→蛹→成虫四个阶段，属于完全变态昆虫；而蝼蛄只经历卵→幼虫→成虫阶段，没

图13.6 | A 蝼蛄低龄若虫 / B 蝼蛄高龄若虫

有化蛹过程，属于不完全变态昆虫。蝶类的幼虫（毛虫）和成虫（蝴蝶）外貌截然不同；而蝼蛄幼虫虽柔嫩幼小，但外貌大体如同成虫，称为若虫。"若虫"一词不单指蝼蛄幼虫，所有在陆地生活的不完全变态昆虫的幼体都可称为若虫。若虫看起来和成虫相似，其实它们是有根本差别的。图中蝼蛄的低龄若虫，大小只有2—3毫米（图13.6A），高龄若虫（图13.6B）大小和形态虽已接近成虫，但也要经历最后一次蜕皮、双翅和生殖系统发育完全才算成虫。

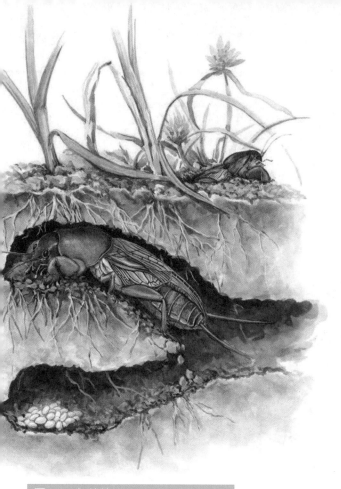

不同种类的蝼蛄由卵到成虫的时间长短差别很大。华北蝼蛄(单刺蝼蛄)需要3年,东方蝼蛄(也称南方蝼蛄)需要1—2年。若虫的蜕皮次数及龄期多少也不一样。华北蝼蛄经13龄才发育为成虫,东方蝼蛄经7龄即发育为成虫。这和华北地区昆虫的发育成长温度低于南方有关。双翅和生殖器官发育完全的蝼蛄成虫,才能鸣唱和配对。

蝼蛄的活动受环境温度、湿度调控。温带地区生活的蝼蛄,从10月下旬至第二年4月上旬深藏地下土穴越冬,春季气温及土温回升,开始出蛰并爬升到表土层。雄成虫以鸣声招引雌成虫,大多于5、6月间交配,交配后母虫爬回地下土穴产卵(图13.7)。蝼蛄挖掘的洞穴不是直上直下的,而是既有支洞,还有多处出口,平行的洞道使它们能够便利地就近取食植物的根

图13.7 ‖ 蝼蛄地下土穴及洞内的卵室

部。蝼蛄近地面活动时,人们在地表可以看到它们拱土隆起的浮土带。

蝼蛄的食性与危害

蝼蛄的种类不算多,但分布很广。蝼蛄多年来都是家喻户晓的地下大害虫,这和它们的强繁殖力有关。例如,单刺蝼蛄母虫一窝可产卵80—800粒,卵在土穴里得到保护,成活率高。高繁殖率使得有些种类的蝼蛄数量泛滥成灾。

自然界里很多昆虫并不喜欢吃农作物。而蝼蛄特别,其食性很广,许多农作物它们都吃(图13.8A)。

研究得知,美洲蝼蛄以昆虫的幼虫和蚯蚓为食,

同时也损害植物的根及农作物幼苗。例如一种中美洲蝼蛄，对甘蔗幼苗有特殊破坏力。多数种类的蝼蛄为多食性地下害虫，对粮食作物、经济作物、林木，甚至药材、草地等都能造成损害（图13.8B）。蝼蛄夜间和清晨潜至地表，其余时候栖息于地下，吃新播种的种子或咬食作物幼苗的根部、嫩茎。即使有足够的其他土壤动物供其食用，蝼蛄在土壤中频繁地穿行活动，也会触动幼苗，致使幼苗根部与土壤分离，失水而枯死。

　　蝼蛄的卵及幼虫期长，多数时间深藏地下。这种穴居习性增加了人类防治蝼蛄的难度。

人类与蝼蛄的战斗

　　人类与蝼蛄已经经历了几个世纪的大规模的战斗。目前欧洲一些蝼蛄种类被认为是濒危物种，有的甚至濒临灭绝，因而被列入世界自然保护联盟的红色名录。但在德国蝼蛄不受保护，人们可以抓捕它。有些人出于保护物种的原因，将活捉的蝼蛄又释放回合适的地点，也是有其道理的。

由于蝼蛄本身无毒，也不会释放有毒物质，且虫体富含蛋白质，在我国民间早有食用野生蝼蛄的习惯。蝼蛄的干燥成虫和大龄幼虫可入药，因此，也有些地方人工增殖或养殖蝼蛄（图13.9）。

　　近年来，科学家研究并已成功使用的对抗蝼蛄的新方法、新技术，就是利用微小线虫携带的细菌感染、杀死蝼蛄。当然，线虫种类的选择、培育、人工增殖都要配套。

图13.9 ‖ 蝼蛄全身照

109

14 大自然的清洁工——食粪甲虫

食粪甲虫大名叫作蜣螂，俗称屎壳郎、粪金龟。众所周知，这和它们喜欢把粪便当作食物有关。强壮、结实的蜣螂是大自然的清洁工（图14.1），属于鞘翅目金龟甲科。

金龟甲是个大家族，全球有记录的接近2万种，其中善于做粪球、滚粪球的蜣螂约有2000种。蜣螂分布很广，除南、北极（没有草食动物的粪便）外，世界各地都生活有蜣螂家族的成员。地球上草原茂盛生长的地带更是蜣螂大量集中生活的地方。

图14.1 ‖ 一种蜣螂

蜣螂特殊的食性使得它们声名远扬。由于草食动物的粪便是蜣螂最爱的食物，它们的栖息地和生活场所自然与提供给它们食物的草食动物息息相关。只要有野生草食动物或家养牛、马、羊等牲畜的地方，就会有蜣螂（图14.2A）。有时它们就生活在一堆粪便中，有些蜣螂会在粪堆下面挖掘隧道，并

图14.2 ‖ A 蜣螂找到了做粪球的新鲜材料

将它们占有的粪便埋在其中。有的蜣螂则忙碌地把粪便揉搓成一个个大丸子——粪球（图14.2B），然后滚动搬运到地穴中去，自己慢慢吃掉，或产卵到粪球里让孵化的幼虫以粪球为食。因此，人们常称蜣螂为食粪甲虫或粪金龟。

食粪甲虫不是生来就要做粪球，而是到了雌虫要产卵的时候，才迫不及待地将制作粪球当作生活中的要务。食粪甲虫制作粪球是有讲究的。首先，它们凭借灵敏的嗅觉找到并选择新鲜的粪堆材料，用前爪上小刀一样的锯齿，切下一块大小合适的粪料（图14.3A）。然后，它们用铲状的头和桨状的触角及腿进行加工：拍打、按压、揉搓、旋转，使材料开始结成豆粒般的小团，随后添加些材料变成一个小圆球。最后，它们再把小球推来滚去，沾上一层层粪末，粪球就被滚成核桃大了（图14.3B）。每一粒粪球都将是

图14.3　A 蜣螂制作粪球靠"称手"工具
　　　　　B 粪球基本成形，只欠加工

111

一个蜣螂宝宝成长的食物仓库和住所，所以，蜣螂妈妈会把它们做得大小正合适。

那些在粪堆下面挖掘隧道、埋藏粪便的蜣螂，就守护在粪堆之中。它们感到这样的生活既安全又方便。

蜣螂把粪便制成球形的"粪蛋糕"有利于长时间保存。粪球经滚压形成一层硬皮，能防止粪球内部水分过快蒸发。蜣螂选择制作粪球的材料，都是草食动物消化不完全的粪便。这类粪便中含有纤维素、糖分、矿物质等营养成分，蜣螂认为其是天赐的美味。至于肉食动物和人类的粪便，蜣螂根本不屑一顾。

蜣螂做粪球、滚粪球不是闹着玩儿。它们利用环境中大量存在的粪便资源，通过保鲜和存储，尽可能吸收草食动物粪便中残留的营养成分。这是一类独特的生存对策，无须和其他动物，尤其是其他昆虫争夺食物资源。蜣螂种类众多、数量庞大、分布广泛，说明它们的这种生存对策是成功的。

粪球做成以后，必须尽快存贮到适宜的地方，否则炎热的天气加上太阳的烤晒，粪球很快就会

图14.4　A 雌蜣螂单独运粪球
　　　　 B 倒着推就是来劲

变质、变干硬，那就不好啦！所以，粪球的主人要赶快把它搬运到合适的储藏场所。搬运粪球这件大事，不同种类的蜣螂采用的方式是不同的。有些种类的雌蜣螂自己制作粪球，单独操劳滚运粪球的事（图 14.4A，B）；有些配对的雌雄蜣螂合力滚动粪球，以后共享劳动成果；也有的临时合伙搬运粪球；还有些种类的雄蜣螂做好粪球，雌蜣螂过来帮助搬运，双方互相中意，就会结成伴侣。另外，有些种类的蜣螂在白天忙碌，有的种类夜间才行动。

图14.4 ‖ C 蜣螂合作运粪球

C

当然啦，球状物体滚动搬运比较省力。要是一只蜣螂单独滚运粪球，它会用后腿抓紧粪球，前腿和中腿使劲，头向下低着，向后倒退着推。这是一种最省劲、有效的办法。

如果是一对蜣螂合作滚运粪球，通常身体粗壮的雌蜣螂在前面拉，小个子的雄蜣螂在后面推（图 14.4C）。粪球一路滚过地面，粘上灰土之后变得又大又重。一只蜣螂能够推动比它自身重百倍的一粒大粪球，相当于一个人推动一辆 3 吨重的卡车。

蜣螂做粪球、运粪球是预先为后代准备食物，本能促使它们全力以赴。蜣螂身体强壮、力气够大，个个表现出超凡的吃苦耐劳精神，不管道路多么崎岖，前面有多少险阻，可以一连几个小时着魔般地拖着、推着粪球。草根绊倒了它，石头使它滑倒，沟坎让它坠落……小小蜣螂却从不放弃，总归要找到自己预先挖好的洞穴，或是找到一处适宜存放粪球的处所，才会停下来。

人们感到奇怪，蜣螂如何把握准确的方位滚动粪球，为什么不会迷失方向？来自南非和瑞典的科

A

图14.5 ‖ A 爬上粪球，定位方向

113

图14.5 ┃ B 找准方向再走

学家研究发现，蜣螂能利用日月星辰的位置确定搬运粪球的路线。单独一只蜣螂倒推粪球是看不到前方道路的，它必须爬到粪球上（图14.5A）对着光线给行进路线导航；即使两只蜣螂合作滚运粪球，也需要到粪球上去看清路线（图14.5B）。别以为蜣螂只会埋头滚运粪球，实际上它们懂得利用天体天文和地景地物把握方向和找准路线呢。

　　由于制作加工粪球需要花费力气，有些善于投机取巧、以强欺弱的家伙竟然像小偷一样，趁又累又渴的蜣螂停下喝水的时候，突然窜出来推跑粪球，据为己有。也有的假装帮助其他蜣螂推粪球，伺机偷走甚至强行抢走粪球（图14.6A）。还有更强横的蜣螂，干脆突然从空中飞袭而来，直接撞倒那只正在卖力滚粪球的蜣螂，抢走粪球，是个地道的现行"抢劫犯"（图14.6B）。

图14.6　A 真有来抢粪球的啦
　　　　　B 从空中袭来抢粪球

114

　　蜣螂对粪球的争夺从占有新鲜粪堆就开始了，粪便不仅是蜣螂成虫的基本食粮，更是存放其"宝贝蛋"（受精卵）的安全窝，还是幼虫赖以生存的"育婴室"。粪球的主人或许经过一番打斗赶走了强盗，夺回了粪球，继续上路；或许强盗得手抢走了粪球，倒霉的蜣螂只好无奈地飞走，重新再去寻找粪便和制作粪球……总之，蜣螂的社群中也有懒虫、骗子和盗贼。

　　蜣螂大多选择在软质土地或沙土地挖掘土穴。洞穴大小适当，有短道通往地面，一个洞穴能存放几粒粪球。

　　蜣螂忙忙碌碌、竭尽全力搬运粪球，不仅为自己享用，更重要的是为了生儿育女做准备。当粪便丰富而新鲜时，就是蜣螂交配繁殖的时机。交配后的蜣螂忙于做粪球、运粪球。当它们把粪球运到一处土质合适、隐蔽安全的地方（图14.7），就在那里用头上钉耙状的触角和带有锯齿的三对足松土挖洞。直到蜣螂认为土坑够大、够深，将来幼虫在里面不会遭到天敌伤害或寒冬摧残，才把这个粪球推入土穴内。至此，这粒"粪蛋糕"安全地藏好了，进出口暂时用杂草、垃圾塞住。不过粪球的主人还不能在这间食品库中尽情享用美食。蜣螂们在一个繁殖季，可能做3—5粒，甚至更多粒粪球。也就是说，它们要搬运很多趟，是尽职尽责的父母。

图14.8　A　蜣螂幼虫——蛴螬
　　　　　B　蜣螂成虫——粪甲虫

交配后，雌蜣螂在粪球里产下一粒卵，接着用松散透气物填满孔穴，然后顺着土穴洞壁向上爬到洞外。这时在洞外等候并负有警戒任务的雄蜣螂，会协助雌蜣螂，用足踩土，用腹部压土，使地面平整如初。这才算完成了一场生儿育女的繁忙活动。这个地下洞室就是小蜣螂逃避捕食者、成长发育的好地方。

蜣螂卵在粪球中经8—10天的发育，会孵化成一只胖乎乎的叫蛴螬的幼虫（图14.8A），粪球也成了这只幼虫初始阶段的营养食料。这团粪球被吃完以后，蛴螬就会改吃植物或作物的根，成为令人憎恶的农作物地下害虫。

蛴螬经过几次蜕皮、生长，最后羽化成为新一代蜣螂（图14.8B）。这只新生蜣螂借助雨水湿润土壤，洞顶变得松软时，拱开顶壁爬出地面，凭着本能像它的前辈一样，做粪球、滚粪球、藏粪球和繁育后代。

蜣螂这种做粪球、运粪球、吃粪球的特殊习性，在昆虫中乃至整个动物界实属独家专长！

可别认为蜣螂太没"品味"了。其实，大千世界中动物各有各的生存之道，对于蜣螂来说，独辟蹊径，利用随处可得、数量丰富、营养还算不错的草食动物的粪便资源，在它们建造的粪球中生儿育女，也属成功的生殖对策。对于人类来说，蜣螂是地球的"清洁工"，是动物粪便，尤其是大批牧畜粪便的转化者，在生态系统能量转换和物质循环中起到了极其重要的作用（图14.9）。

116

图14.9 ‖ 大堆犀牛粪便中的蜣螂

有个实例很能证明这个判断：澳大利亚本土原本不产牛、羊、马类。这些牲畜引入澳大利亚200多年来，数量不断增多，每天排粪数以百万堆计，而澳大利亚本土没有取食和消化家畜粪便的甲虫。当地土生土长取食袋鼠粪便的甲虫对家畜粪便根本不感兴趣。粪便得不到及时利用和清除，不仅遮盖了牧草，还使得翠绿的草地上到处都是污黑的死斑，影响光合作用，导致牧草成片死亡，滋生了大量蚊蝇，传染疾病，严重影响了环境卫生。为了解决这一问题，澳大利亚的研究团队开展了"澳大利亚蜣螂项目"，政府从全球多地引进了几十种蜣螂。这些渡海出国、身负重任的蜣螂，果然不负众望，在异国他乡成功地扩展、繁荣了种群。它们不但清除消化了澳大利亚牧场的大量粪堆，还起到了松土、肥土、促进牧草生长的作用。试想，地球那些辽阔的大草原上，有数不胜数的草食动物生活，它们排出的粪便如无蜣螂大军的取食和消化，那将是多么难堪的场景！

蜣螂的辛勤工作不仅清洁了地面，将粪便中的有机物分解为无机物，促进了生态系统的物质循环，还改善了土壤结构，提高了土壤通透性（图14.10）。

图14.10 ‖ 大象的一坨粪便中生活着40只巨蜣螂和上万只其他动物

117

值得一提的是，古埃及人认为：蜣螂如同他们心目中的太阳神，是值得崇敬的"圣甲虫"。古埃及流传至今的许多含有圣甲虫形象的艺术品和装饰品（图14.11A，B），反映出古人早就认识到，蜣螂这类食粪昆虫对人类社会具有何等重要的作用，自然界不能没有蜣螂！

图14.11 ‖ A 埃及博物馆收藏的古埃及圣甲虫艺术品

图14.11 ‖ B 古埃及圣甲虫艺术品

15

水陆空三栖的凶猛"杀手"——龙虱

在水生世界，通常情况下，水生昆虫及其幼虫常会遭到鱼类捕食。但是有一类名气很大的水生昆虫——龙虱，却能捕食小鱼、蝌蚪、小虾等水生动物。它们把小虫的威猛霸气演绎得风生水起。

龙虱俗名水鳖虫、水龟子，属于昆虫纲鞘翅目龙虱科，世界已知约 4000 种，中国有 200 多种。龙虱几乎全分布于北半球，亚洲北部、欧洲、非洲北部和北美洲的大部分地区都有。

图15.1 | A 雌性龙虱
B 雄性龙虱

大型昆虫，雌雄两态

龙虱是大型水生甲虫，体长随种类不同而有较大差异，13—45 毫米大小的都有。它们的身体呈长椭圆形，背面青黑色或深红褐色，鞘翅具有金属光泽。头部唇基和上唇浅黄色，前胸背板边缘以及鞘翅侧缘有浅黄色条带，后足侧扁，生有成排长毛，是适用于划水的游泳足（图 15.1A，B）。

大多数同一物种的雌雄个体外观上几乎没有差别。但有些动物（包括某些昆虫）例外，这被称为"雌雄两态"。雌、雄龙虱表现得很明显：雄性龙虱前足部分跗节明显特化，变得宽大，腹面密布绒毛和吸盘，具有强大吸附力（图 15.2A）；中足的前三个跗节也特化，腹面布满小吸盘，同样具有吸附能力（图 15.2B）。在昆虫学中这种形态结构的足，被称为抱握足。由于龙虱多数时间栖息于淡水环境，繁殖期间雄龙虱依靠抱握足可以保证与雌龙虱顺利配对。经长期进化雄性龙虱的抱握足演变得突出而精细，足上那些吸盘状结构吸附力很强。

A

图15.2　A 雄性龙虱前足宽大的跗节
　　　　B 雄性龙虱中足

龙虱成长史

　　雌性龙虱产卵在水生植物芦苇、莎草的叶鞘或茎皮内，也有的产在杏菜叶背面。龙虱卵发育完全在水中进行，大约 8 天后幼虫孵化。

　　初孵出的龙虱幼虫身体幼小柔弱，极易被鱼类、蛙类及肉食性水生昆虫捕食。但几天后长成体长将近 1 厘米的一龄幼虫（图 15.3A），外骨骼逐渐硬化，身体变得强壮，活动力增强，能够在水中上下游动，可以在水草中躲避捕食者。二龄幼虫的头部变宽，身体也更长，体色渐渐变深，头部前端两侧尖锐的镰刀状上颚已经显现，进食量随之增加。

　　三龄的龙虱幼虫（图 15.3B），钳形大颚让它看起来像是蜈蚣，因而得名水蜈蚣，又名水夹子。此时身体自然地呈 "S" 形，宽阔的头部每侧各有 6 个小单眼，呈环形排列（图 15.3C）。龙虱幼虫常倒悬于水中，将腹部尾端的呼吸孔伸出水面，进行气体交换。

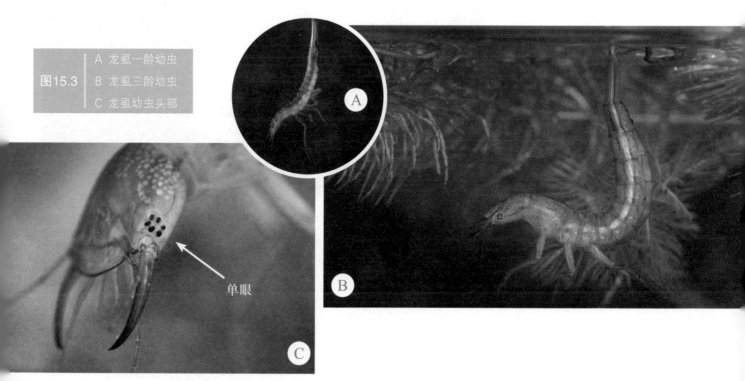

图15.3　A 龙虱一龄幼虫
　　　　 B 龙虱三龄幼虫
　　　　 C 龙虱幼虫头部

单眼

图15.4
A 龙虱幼虫捕食小鱼
B 龙虱幼虫捕食鱼苗
C 龙虱幼虫捕食摇蚊幼虫

　　龙虱幼虫和成虫一样，都是肉食性的，凶猛贪吃，惯用头部的一对大钳来夹取小鱼（图15.4A）、鱼苗（图15.4B）、蝌蚪、摇蚊幼虫（图15.4C）等小动物，夹住猎物后，便通过上颚中的孔道注入毒液，使猎物麻痹，然后从食道吐出消化液将猎物化成浆汁，吸入体内。

　　依据考察研究，侵入鱼塘的龙虱幼虫，在一昼夜的时间里，就能夹食10多尾小鱼苗。据报道，有些种类的龙虱，其幼虫刚孵化不久，就能捕食和它身体同样大小的摇蚊幼虫。

到陆地化蛹

龙虱的三龄幼虫大约经 8—10 天成为老熟幼虫，此时食量会突然减少，急不可待地要爬离水面。老熟幼虫爬上陆地后，会在岸上爬行一段距离，稍微远离水域，选择一处土壤颗粒较细、腐殖质含量高、干湿度及黏性适宜的地方，挖掘球形小土坑。这个小土坑称为蛹室（图 15.5A）。之后老熟幼虫用泥土封闭土坑出口，自身就藏在里面等待化蛹。经过一周左右幼虫进入前蛹阶段（图 15.5B），体长略微缩短，腹部变得宽大，原来的单眼，被雏形复眼取代。到蛹期阶段（图 15.5C），人们已经可依据前足是否膨大判断雌雄龙虱，附肢和口器明显可见，单眼完全被复眼代替。

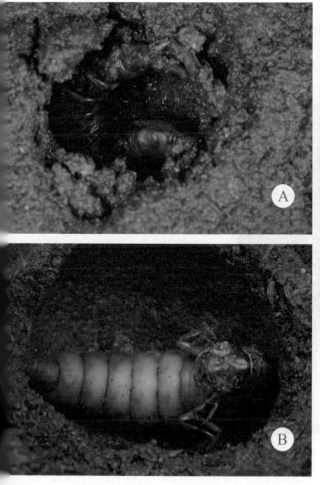

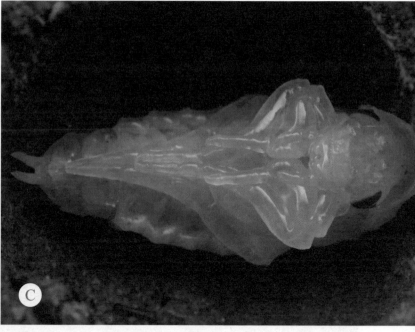

图15.5 A 蛹室内的龙虱老熟幼虫
        B 龙虱的前蛹阶段
        C 龙虱的蛹阶段

龙虱进入前蛹阶段，三对足和大颚难以活动，到达蛹期阶段，更失去了全部防御能力。龙虱这时非常脆弱，因此，在一个封闭的环境度过这两个阶段是生存所必需的。

每年 5、6 月间，在 24℃的环境下，龙虱的蛹期一般为 13 天。变态时间到了，蛹表皮开始发皱，内部的外骨骼已经形成，足和触角等部位渐渐可以活动。几个小时后，蛹扭动身体，使腹部朝下，用前足和中足支撑躯体，开始羽化。

羽化为成虫回到水里

羽化时蛹前胸背板后缘中央最先出现裂口，裂口继续开裂，接着成虫从裂口中钻出，然后鞘翅从旧皮蜕出，整个羽化过程约 40 分钟全部完成。

刚羽化的成虫身体呈洁白或乳黄色（图 15.6），外表柔软，脆弱无力，大约需要继续在蛹室内发育 5 天，等待外骨骼的硬化和其他器官的成熟，这段时间称为蛰伏期。

图15.6 ‖ 刚羽化的龙虱成虫

图15.7	A 羽化后下水的雌成虫
	B 羽化后下水的雄成虫

变态完成的龙虱成虫，一般在夜间钻出泥土，在尝试起飞之前，后翅在鞘翅内需震动一段时间，发出"滋滋、滋滋"的声音，然后腾飞离开蛹室。

飞离蛹室的龙虱通常并不立刻下水，而是在空中飞行一定距离，似乎在选择合适的水面，然后从空中坠入想要到达的水域。这样可以使种群避免在同一水域近亲繁殖。

刚入水中的龙虱成虫（图 15.7A，B），不能马上适应水中的生活，一般会先寻找适合的停靠点，抓住可攀附的物体潜入水下，并吞入足量淡水，吐出羽化时吸入体内的空气。大约适应三天，成虫就能灵活地在水里游泳和捕食了。

龙虱幼虫期在水中生活，蛹期藏身陆地土壤中，成虫期能在空中飞行。由此可说，龙虱是一类特殊的能够"水陆空三栖"的甲虫。但总体来看，龙虱在水中出生、捕食、成长、交配、产卵，一生中多数时间在水中度过。龙虱为什么喜欢停留水中？很明显，是水中食物多、竞争对手较少的缘故。

完美适应水中生活

可以说，龙虱这个物种已经完美适应了水生生活。龙虱的幼虫和成虫都是凶猛的水中猎手。幼虫发育很快，足两侧生有游泳毛，擅长游泳，自幼便能捕食，单眼视力虽差，但善于捕食动态的小虫，一对锐利的上颚开关自如，能将猎物剪成碎片吞食。龙虱成虫对游动的动物体非常敏感，能捕获行动

迅速的猎物。只要有小动物从身边游过，它们都会追击，并伸出前、中足捕捉。雄性成虫还会利用有强大吸附力的抱握足去捕捉鱼类，因此捕食成功率极高。饥饿情况下，龙虱有同类相食习性，上颚能刺穿同类的外骨骼。

图15.8 ‖ 水面成群龙虱

水面常可见到成群龙虱（图15.8）。令人感到惊奇的是，成体龙虱能在水下呼吸，因此能长时间停留水下进行捕食活动。它们可将腹部气管伸出水面，吸入空气并保存在鞘翅下的空隙中。这个充满空气的气泡，对于小小的龙虱来说就是一个"氧气罐"，供龙虱呼吸（图15.9A）。当气泡中的氧气快要用尽时，龙虱还会停在水底植物枝叶上，从鞘翅下面挤出一个气泡。这个气泡会越变越大，拖在腹部末端，这是龙虱用来进行呼吸的另一个"氧气罐"（图15.9B）。

当这个气泡里的氧气消耗殆尽时，由于气泡内外压强差，水中的溶解氧会渗入气泡加以补充。龙虱的气管同气泡中的空气是相通的，渗入气泡的氧气不断地流向气管，足以供龙虱呼吸之用。龙虱游泳时，会把气泡缩回鞘翅里，当它停息时，又会重新挤出一个气泡。当然，龙虱也可以再到水面吸取空气。

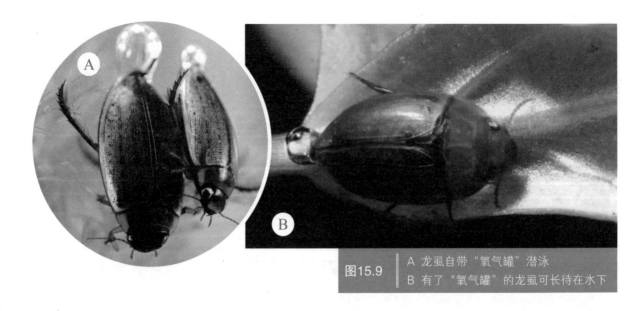

图15.9　A 龙虱自带"氧气罐"潜泳
B 有了"氧气罐"的龙虱可长待在水下

16

跑得飞快的"杀手"——虎甲

    虎甲是十分漂亮然而极其凶猛的一类甲虫。它们能力出众，行动敏捷，善于捕猎，行为奇异，浑身散发着醒目的警戒色彩。虎甲体色鲜艳，多为蓝、绿或红色，表面具有彩虹般金属光泽，尤其鞘翅背面的颜色与斑纹更加靓丽、光彩夺目（图 16.1A，B，C）。有的种类的虎甲鞘翅上的斑纹呈飘逸的弧形。

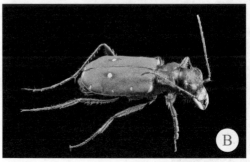

图16.1
A 八星虎甲
B 森林绿虎甲
C 沙地虎甲

虎甲虫有多凶猛

虎甲美丽的外表难掩其凶残的习性。它们大多具有肉食性，有些种类完全肉食，而且专爱捕食鲜活的猎物。它们捕获和吃掉猎物的速度都很快，吃相如狼似虎，生吞活剥，因此得名"虎甲"。

乍看起来，不同种类虎甲外貌差别很大。你可能要问，凭什么它们都属于同一虎甲科？主要因为它们都具有一副露出嘴外、强大而锋利的上颚，这是它们成为"杀手"的天生利器，有人因此称它们为昆虫中的"剑齿虎"。另外，虎甲虫都具有三对超长而又特别灵活的步行足，这个天赋条件使它们成为世界上跑得最快的昆虫。

虎甲属于鞘翅目甲虫科，全世界大约 2000 种，大多数种类身体狭长，体形中等，成虫体长 18—22 毫米，头部大，复眼大而突出。只要看到它们凶神恶煞般的头，就能断定这是强悍的掠食昆虫。突出的大眼能迅速锁定猎物，强有力的大颚是捕食神器（图 16.2A，B，C）。

图16.2　A 具有尖刀状大颚的虎甲
　　　　B 具有锯齿状大颚的虎甲
　　　　C 具有镰刀状大颚的虎甲

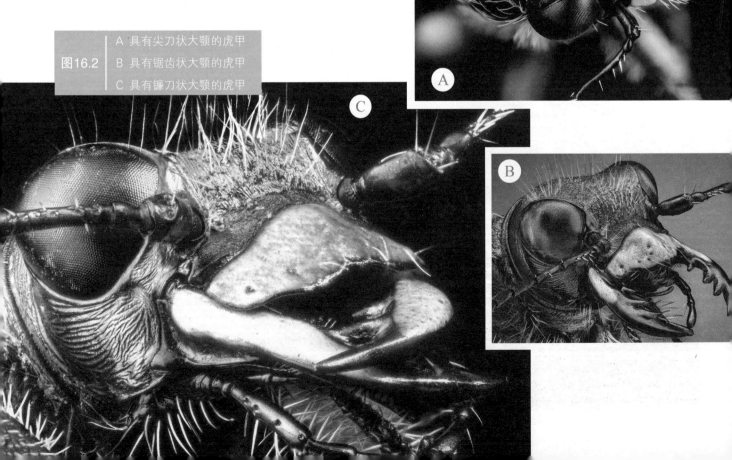

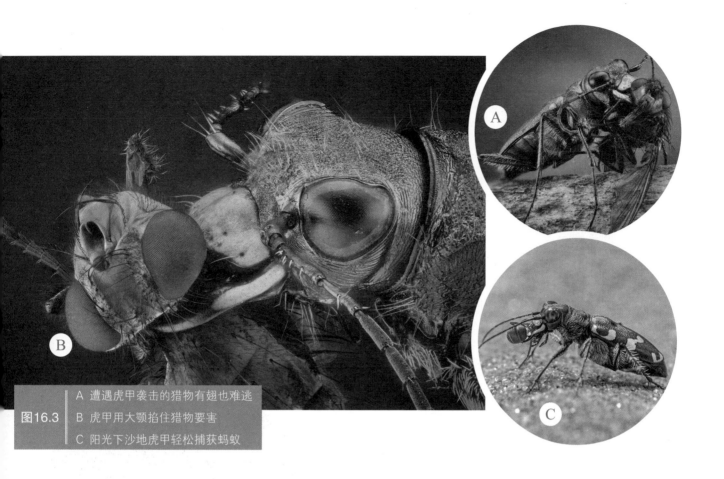

图16.3
A 遭遇虎甲袭击的猎物有翅也难逃
B 虎甲用大颚掐住猎物要害
C 阳光下沙地虎甲轻松捕获蚂蚁

虎甲体魄强健、触觉灵敏、口器强大有力，同时又有闪电般的速度，撒开 6 条长腿就能追上猎物（图 16.3A）。虎甲用一对钳子般的大颚钳住猎物的要害部位，迅速制服猎物（图 16.3B），自身却可毫发无损。图 16.3C 显示了沙地虎甲轻松捕获蚂蚁的情景。

虎甲跑得有多快

依靠 6 条昆虫世界罕见的长腿，虎甲被公认为陆地上奔跑最快的动物。例如澳大利亚虎甲的奔跑速度达到每秒 2.5 米。如若按体长比例计算，虎甲虫每秒的奔跑距离可达到其体长的 171 倍，比猎豹的速度快很多。设想一下，要是虎甲的体长相当于人类身高，那么其奔跑时速可达 770 千米，相当于一般民航客机的速度。在速度方面，虎甲虫与蜚蠊并列，位居百万余种昆虫之首。

不过，当一只虎甲全速冲向猎物时，由于视觉的限制和大脑反应能力跟不上，可能导致瞬间失去前方目标。因此在追捕猎物的过程中，它必须时常停下来重新定位猎物，然后继续追杀。被虎甲瞄上的猎物，都难逃脱其迅雷般的快速攻击。

129

其实，虎甲会飞行，但人们通常看到它们快步流星地冲击猎物。这似乎表明，快跑就能解决捕食和避敌的问题，也就无须展翅起飞了。不过，虎甲夜晚时常飞到树枝上休息，遇到强敌时也会飞逃。

虎甲虫的幼虫有多凶

蝴蝶成虫吸食花蜜花粉，幼虫啃食植物叶片。而虎甲的成虫和幼虫都爱吃肉，都是捕食性的。尽管虎甲的幼虫没有成虫那么强壮，也没有成虫跑得快，但幼虫练就了另一套捕食奇法。它们或生活在母虫挖掘的垂直土穴中，或自力更生挖洞穴居（图16.4A）。虎甲幼虫平时埋伏在洞内，露出扁平坚硬的头顶，用两对圆溜溜的侧单眼紧盯洞外，侦测洞外光影的变化，静静地等候着猎物的到来（图16.4B）。一旦有昆虫或其他动物经过洞口，它便突然冲出来，一口将猎物咬住，再迅速将其拖回洞中，尽情享受。

为了适应洞穴捕猎，虎甲幼虫形态演变得极为特殊——其头、胸部发达，强烈骨化，硕大平整而结实的头部挡在洞口，可有效抵御外敌入侵，足爪长而锐利，适于挖土。一对弯曲如刀的大颚，可迅速钳住猎物。头部两侧的眼睛有助于及时判断周围的情况。胸部灵活细长的三对步足，以

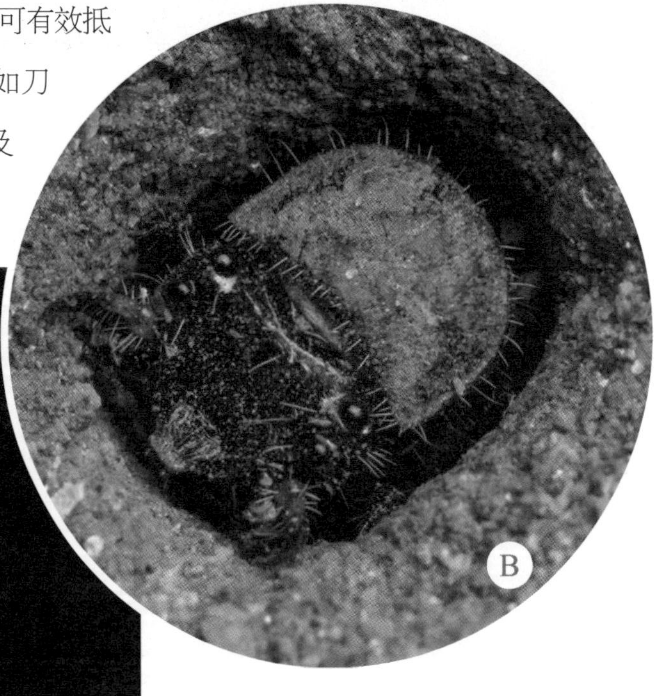

图16.4　A 虎甲幼虫藏身洞穴
　　　　 B 在洞口窥探的虎甲幼虫头部

130

图16.5 ▌ 虎甲的幼虫

中足最为特殊，能够转向身体背方，使虫体能在洞穴中上下翻滚自如。最奇特的是，在幼虫第五腹节背侧有一隆起的肉瘤，顶端长着一对钩状硬棘。当幼虫猎食及御敌时这对硬棘能够顶住洞穴内壁，以免身体被使劲挣扎的猎物拉出洞外（图 16.5）。这些形态特征都是为适应洞穴生活而演变出来的。虎甲幼虫藏身洞内十分有耐心，成功捕获猎物概率相当高，这足以让它们生活得有滋有味。可以说，地面、地下都成了虎甲幼虫和成虫占尽优势的猎场。

哪种虎甲最凶猛

虎甲家族成员生性都很凶猛，拥有高超的捕食本领，是"杀虫不眨眼"的猎手，就连蜻蜓、蝴蝶、蛾类等大型昆虫，在它们面前也无力反抗。

至于最凶猛的虎甲，毫无疑问，那就是产于非洲、战斗力超强的大王虎甲虫，它们甚至能够捕获小老鼠和蜥蜴。这得有多大力气、多强的捕食装备！

大王虎甲虫体长达 65 毫米，不但体形大，一对非对称颚齿极其巨大，咬合力超强，而且虫体移动速度很快，还具有短距离飞行的能力，是地球上体形最大的肉食性甲虫（图 16.6A，B）。

大王虎甲虫的捕猎行为方式与普通的甲虫相似。它们动作敏捷，能飞快地奔跑和瞬间改变方向。但它们的视力差，搜索猎物主要依靠嗅觉，善于捕食处于活动状态的猎物。

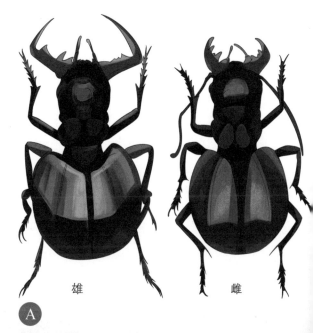

雄　　　　雌

A

B

图16.6 │ A 一对雌雄大王虎甲虫
　　　　│ B 大王虎甲虫捕食情景

131

它们主要捕食在地面活动的蝗虫、蟋蟀、蚂蚁和蜘蛛等，一旦嗅到猎物的气味，便快跑猛冲，用巨大的下颚咬住猎物，将其切成碎片，狼吞虎咽。一只大王虎甲虫猎杀一只大狼蛛，就和老虎捕杀野猪一样，猎物毫无反抗之力，很快被吃得干干净净。

天然奇趣的虎甲

　　虎甲早就引起人们的关注。虎甲在有些地方被俗称为"拦路虎"，因为很多人在野外遇到它们时，它们总是面朝来者，长腿撑地、抬头挺胸，一副技高胆大、无所畏惧的样子（图16.7），站在人前三五米处。当人们向它走近时，它又低飞后退，仍面朝行人。就是因为虎甲与人相遇，总是挡在行人前面，故有"拦路虎"之称，而大多数种类昆虫早就逃之夭夭了。

　　虎甲的捕食范围比较广泛，被它们捕食的大多是农林业害虫，如蝗虫、蝼蛄、蟋蟀、蛴螬、天牛、椿象、袋蛾等。因此，作为害虫的天敌，它们是人类生物防治虫害的益虫朋友，其中双锯对胸虎甲属于中国明令保护的"三有"昆虫，应当特别关注和保护。

图16.7 ‖ "拦路虎"就长这样子

图16.8 ‖ 星斑虎甲的雄虫与雌虫

由于虎甲容易饲养，近年它们已经成为受人喜爱的"宠物昆虫"之一。

饲养虎甲首先必须解决虫源的问题。可以设法捕捉虎甲成虫，带回饲养，也可捕捉虎甲幼虫进行饲养。采捕昆虫，要特别爱惜并注意虎甲这类益虫以及饲养它的空间大小、理化条件、器物设备及饲料等，要尽量仿照野生虎甲的生境条件，提供给它们合适的人造环境。

虎甲的雄虫与雌虫外观看似一样，其实两者是有区别的，雄虫前足第 1—3 跗节具毛，据此可区别于雌虫（图 16.8）。若能在人工喂养条件下，促使雌、雄虫配对繁殖，既可增加这类益虫的数量，还能让饲养者领略到独特的虫趣。

17

创造甜蜜的小精灵——蜜蜂

图17.1 ‖ 一种蜜蜂

每年的 5 月 20 日为"世界蜜蜂日"，是地球人的甜蜜使者——小蜜蜂的节日。

蜜蜂属于膜翅目蜜蜂科。蜜蜂科包含很多属和种，全世界已知 3500 余种，它们具有采花、酿蜜及传粉的性能，但蜜蜂科的不同种属又有各自的特征。例如熊蜂全身披有长绒毛，因体态似"熊"而得名；又如无刺蜂属的蜜蜂又叫小酸蜂，群体生活，腹部无毒刺，但能分泌毒液，撕咬力强；切叶蜂属的蜜蜂，单独生活，因常从植物叶片上切取半圆形的小片叶子带进其巢内而得名。蜜蜂科的成员很多，都是农、林、牧业植物的重要传粉昆虫。

本篇要介绍的蜜蜂属的蜜蜂共同的特征是：体外有分枝的细毛，腹部末端有毒刺，工蜂以蜡腺分泌的蜂蜡修筑蜂巢，能采花酿蜜并能为植物授粉（图 17.1）。

为什么说蜜蜂对人类很重要

蜜蜂是全球公认的重要资源昆虫，与人类经济关系密切。

养蜂酿蜜在中国具有悠久的历史，中国先民早在渔猎时代便知道利用野蜂取得甜食。农耕时代土法养蜂逐渐开展，积累了丰富的生产和加工利用蜂产品的经验。近代科学养蜂不断改进创新，蜂产品越来越丰富多样。蜂蜜是人们喜爱的滋补品，蜂王浆更是高级营养佳品，蜂蜡和蜂胶是轻工业的宝贵原料。

蜜蜂对于人类的重要性，不仅在于食用、药用等经济价值方面，更重要的是作为农作物、果树、蔬菜、牧草、花卉以及中草药等植物的传粉者，可提高其产量几倍至十几倍。全世界有数以千计跟人类生活有关的植物需要昆虫传粉，在全部传粉昆虫的工作中，蜜蜂占到85%。蜜蜂创造的生态价值，使它们成为蜚声世界的大自然保护者，造福人类的小精灵。

蜜蜂的口器（嘴）构造特殊，是既能咀嚼花粉也能吸食花蜜的嚼吸式口器（图17.2A）。蜜蜂食道后端有个专门贮藏花蜜的结构，称为蜜囊。蜜蜂吸得花蜜后，自己只吃小部分，大部分贮存在蜜囊中带回巢存入蜂窝。蜜蜂十分勤劳，从早到晚，不停地从一朵花到另一朵花采集花粉、花蜜。蜜蜂与植物的共生关系、相互依存、协同发展，使它们成为最理想的天然传粉昆虫（图17.2B）。

图17.2　A 蜜蜂用口器吸食花蜜
　　　　　B 采花蜜蜂身上沾满花粉粒

花粉

135

如果没有蜜蜂，植物授粉可能受到严重的影响，从而影响全球粮食生产。爱因斯坦曾预言："如果蜜蜂从地球上消失，人类最多继续存活四年。"从维护生态系统与生态平衡的角度来理解，这话并非危言耸听。

蜜蜂家族的成员

蜜蜂和白蚁虽然都是组织严密、分工协作的社会性昆虫，但其族群结构、成员组成及生活状况是不一样的。一窝或一群蜜蜂由三种不同类型的成员组成：雌性蜂王、雄蜂及工蜂。它们生活在同一蜂巢中，但三者在形态、生理和劳动分工方面均有明显区别（图17.3A）。

蜂王（也称为蜂后）个体较大，是生殖器官发育完全的雌性蜂，专管产卵生殖，以维持和壮大蜂群成员。一只蜂王每天能产2500粒卵。蜂王不单纯是生殖机器，它会分泌信息素，控制巢内其他蜜蜂的行为和调节蜂群的活动。一个蜂巢里通常只有一只蜂王（图17.3B）。如果原有的蜂王死了，工蜂将以一种特殊食物"蜂王浆"喂养群中的一只工蜂。这种神奇的物质最终会使这只受到特殊照顾的工蜂蜕变成可生育的新蜂王。

图17.3　A　一个蜂群里的三种成员
B　巢内蜂群中的蜂王

蜂王　　工蜂　　雄蜂

蜂王

136

图17.4 ‖ 工蜂分泌蜂蜡制成蜡片

雄蜂较蜂王个头稍小，身体粗壮，其唯一作用是与雌蜂配对，传递基因给后代，其他功能退化，虽有口器及足，但不能采集花蜜花粉，也不酿造蜂蜜。雄蜂一般不出巢，只有在食物充足、温度适宜的繁殖季节才飞出巢外进行交配，交配后即死亡。雄蜂数量一般只占整个蜂群的1%左右，在一窝蜂里有几十只至几百只。冬季，当巢内蜂群进入抗寒生存模式时，雄蜂常会被驱逐。

工蜂个体较小，都是生殖器官发育不全的雌蜂。工蜂正如它们的名字所说，承担寻找和采集食物（花粉和花蜜）、建立和保护蜂巢、清洁和维护巢窝、哺育幼蜂、调节巢室湿度，以及通过拍打翅膀使巢内空气循环流动等所有劳作。人们平时在花园里或郊外花丛中看到的忙碌的蜜蜂，通常就是工蜂。

工蜂具有蜂群生存和发展所需要的各种器官，包括后足的花粉筐、体内的蜡腺、毒腺和螫针等，因而能够担负蜂群内外各项工作。要知道，工蜂的职能是随日龄而改变的。图 17.4 中是一些大约 10 日龄的工蜂，体内蜡腺发育完成，能够分泌蜂蜡，制成蜡片，用来封盖蜂窝。大约 20 日龄的工蜂，体质强壮，开始外出访花采蜜。它们可在两侧后腿的花粉筐中各携带一团花粉飞回巢中（图 17.5）。

图17.5 ‖ 携带花粉团的工蜂

蜜蜂的神奇表现

▲ 一只工蜂一次外出觅食可以采集相当于自身体重 30% 的花粉。这些花粉就挂在蜜蜂腿上的花粉筐内或绒毛上。研究者采用高速摄像机研究发现，蜜蜂在 3 分钟内能从花上梳下并收集 1.5 万颗花粉。

▲ 蜜蜂振翅速度每秒可达 200 次，它们能携带花蜜花粉长距离飞行（图 17.5）。

▲ 蜜蜂属于全变态昆虫，其发育经过卵→幼虫→蛹→成虫 4 个阶段，也就是说，蜜蜂一生有 4 种虫态。工蜂的生命周期：卵 3 天、幼虫 6 天、蛹 12 天。成年工蜂不停地工作，寿命很短，一般只活一个多月（图 17.6A，B）。

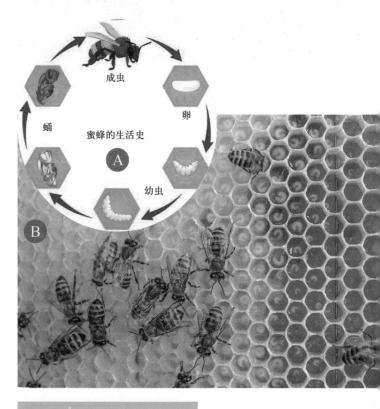

图17.6 ‖ A 蜜蜂的生命周期
B 蜂窝幼虫

138

▲ 花粉是蜜蜂必不可少的食品，是蜜蜂蛋白质、脂肪、维生素和矿物质的来源。蜜蜂全部幼虫及幼蜂，主要靠花粉中的营养来发育成长。没有花粉，幼虫便不能成长发育，蜂群也不能生产蜂蜜、蜂王浆以及蜂蜡等产品。

▲ 蜜蜂有 170 种不同的气味感受器来帮助它们找到喜爱的花朵。蜜蜂感受气味主要依靠触角上的嗅觉感受器，其包括数以千计的毛状、锥状、板状以及钟形等微型感受器。通过这些灵敏的感受器，蜜蜂在一定远的距离就能判断蜜源和花香气味。

▲ 蜂王除产卵职能外，还会通过分泌蜂王特有的信息素维持蜂群的稳定，抑制群内工蜂卵巢的发育，并吸引群内工蜂形成喂养和保护蜂王的饲喂圈和侍从圈（图 17.7）。

▲ 蜂王的寿命在 3—5 年，工蜂的寿命约 5—6 周，而雄蜂的寿命在 6—7 周。

蜜蜂如何制造蜂蜜

一只蜜蜂一生只能生产5克左右的蜂蜜，蜜蜂自己要食用2克左右。因此，人类食用的每一茶匙蜂蜜，必须感谢至少10只蜜蜂。蜂蜜成分基本上是80%的糖和20%的水。蜜蜂利用从花中收集的花蜜，制造出这种金色的甜味液体。

工蜂为了制造蜂蜜，在有花的季节忙碌地访花采蜜。一只蜜蜂一次只能吸取20毫克的花蜜，而要酿造1克蜂蜜，须采集1500—1600朵花的花蜜。以飞行长度计算，为了酿制1千克蜂蜜，蜜蜂必须飞行36万—45万千米。

采蜜工蜂将蜜囊贮满花蜜后，动身飞回蜂巢，给在巢内工作的工蜂吐出花蜜。这些工蜂咀嚼花蜜大约30分钟，随后吐进一个个六角形的小蜂窝里，然后再吃进嘴里，如此反复咀嚼几遍，花蜜经过工蜂辛苦酿制终于成为蜂蜜。最后，其他工蜂扇着翅膀环绕着蜂窝，使蜂蜜变得更黏稠。

蜂蜜中的果糖和葡萄糖占蜂蜜总糖分的85%—95%，矿物质含量一般为0.04%—0.06%，主要包括钾、镁、磷、钙、钠、铁、铜、锰、锌、硅、铬、镍和钴等。蜂蜜还含有维生素 B_2、烟酸、泛酸、微量的维生素 C、黄酮等对人体有益的物质。

蜂窝状建筑：一个数学奇迹

见到蜂巢，谁都会感叹：蜜蜂是伟大的建造者。蜂巢里一个个六角形小蜂窝，大小和形状都是相同的，这多么神奇呀！建造这种六角形蜂窝不是一件容易的事，堪称数学奇迹，蜜蜂是如何做到的？

蜂窝是由蜜蜂分泌的蜂蜡制成的。年轻的工蜂承担生产蜂蜡的任务。当成年工蜂差不多10天大时，体内4对蜡腺发育成熟并活跃起来。这些腺体产生液态蜡质并分泌至体外，堆积在蜜蜂的腹部两侧，蜡质与空气接触后会变硬，呈薄鳞片状沉积在蜜蜂的身上，工蜂用腿把它从腹部拭扫下来，通过咀嚼使其变软，塑成六角形，从而制成一个个蜂窝（图17.8A）。一只健康的蜜蜂可以在12小时内产生8片蜡鳞，而大约1000片蜡的重量才够1克。蜜蜂筑造一个工蜂房需要50片蜡鳞，而筑造一个雄蜂房

则需要 120 片蜡鳞。强大的蜂群在春夏季节能分泌 2 千克的蜡鳞，作为建造巢脾、蜂房和封盖蜂窝之用，工蜂为此日夜忙碌（图 17.8B）！

蜂窝状这种六边形镶嵌式的结构可使蜜蜂以最少的原料来建造最大的存储空间——蜂房。蜂蜡既是蜂群的产品，又是其生存和繁殖所必需的物料。

18

花间飞舞的小精灵——食蚜蝇

食蚜蝇种类很多，全世界已知近 6000 种，中国
已知 400 多种。不同种类食蚜蝇的大小、形态、
颜色等有很大差异。小型食蚜蝇体长仅 4 毫米，
大型的食蚜蝇体长可达 35 毫米。人们常见的食蚜
蝇有黄、橙等鲜艳的色彩和斑纹，也有单一暗色的，
还有的身体闪耀着湛蓝、辉绿或黄铜等金属光泽。
食蚜蝇的体形因种类而不同，有的粗壮，有的细瘦；有
的短圆，有的长扁。总的看来，食蚜蝇头部大、触角短，
唯一一对翅宽大而有力，因而善飞。它们只有两片（一对）翅，
属于双翅目昆虫，和苍蝇是习性很不同的近亲。

图18.1 ‖ 一种食蚜蝇成虫

虽然食蚜蝇只有两片翅，但它们这一对翅膀结构极好、性能优良，所以它们的飞行技巧在动物界
独步青云，名声在外（图 18.1）。这也就是说，4 翅完备的昆虫不一定比双翅类昆虫飞得好！

食蚜蝇为什么拟态蜂类

食蚜蝇属于蝇类，模样却长得像蜜蜂。

成体食蚜蝇整天在花丛中飞舞，那些腹部有明显黄黑相间条纹的种类，在常人眼里，很像蜜蜂或
黄蜂，就连食虫鸟类、捕食性昆虫同样会看走了眼，误以为它们是身怀毒刺的蜂类。拟态蜜蜂或黄蜂
是食蚜蝇长期进化的结果。这使得食蚜蝇这类身体无毒无刺无御敌装备的小虫，避免受到食虫动物的
攻击和侵害，得以安全生活，得到更多生存机会。这就是食蚜蝇拟态适应的好处。

食蚜蝇（图 18.2A）的拟态不仅表现在形态模拟上，其行为方式也会效仿有毒刺的蜂类。它们时常装出一副要蜇刺的架势，举着那根本没有毒针的尾部，煞有介事地刺来刺去，吓得飞近前来的捕食者赶紧退避。

食蚜蝇拟态蜜蜂（图 18.2B）当然要有前提条件：它们在同一季节出现，并且生活在共同的栖境。

其实，食蚜蝇和蜜蜂有显著区别

昆虫世界纷繁多样，只要仔细观察，就能发现食蚜蝇和蜜蜂是有显著区别的。

▲ 食蚜蝇属于双翅目蝇类昆虫，只有一对翅；蜜蜂属于膜翅目昆虫，有两对翅。

▲ 食蚜蝇的一对大眼睛是红色的，蜜蜂的眼是偏黑色的。

▲ 食蚜蝇的触角短，而蜜蜂类触角较长。

▲ 食蚜蝇的后足纤细；而蜜蜂类有比较宽阔的后足，称为采粉足，用以收集花粉。

图18.2　A 食蚜蝇
　　　　　B 蜜蜂

图18.3　A　食蚜蝇花间舔蜜
　　　　 B　蜜蜂花中吸蜜

▲ 食蚜蝇的口器是舐吸式，只能舔蜜（图 18.3A）；蜜蜂具有嚼吸式口器，能够吸蜜（图 18.3B）。

▲ 有些种类的食蚜蝇雄性个体的两眼合生，相连一起（图 18.4A），雌性两眼离生，分开两边（图
18.4B）；而蜂类的两眼都是左右分开的。

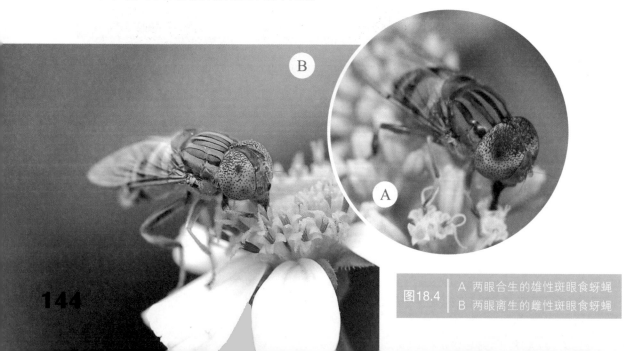

图18.4　A　两眼合生的雄性斑眼食蚜蝇
　　　　 B　两眼离生的雌性斑眼食蚜蝇

高超的飞行技巧

食蚜蝇是具有高超飞行技巧的佼佼者，既能在空中快速飞行，或突然直线高速飞行而后急停徘徊，也能悬停空中，以便更好地采食花粉花蜜。

悬停空中这种特殊本领可不简单，振翅速度需要高达每秒 300 次才能做到。再者，食蚜蝇在有风的情况下仍能稳定地飞行（图 18.5A）。相对来说，蜜蜂飞行技巧平常，不能悬停空中。

科学家实验研究得知，繁殖季节雄性食蚜蝇常振动双翅长时间在空中悬停，以展示其高超的飞行技艺，强壮者还会霸占所在空域，不让别的雄性食蚜蝇过来。由于空中气流不断变化，食蚜蝇悬停也并非纹丝不动，要通过身体不断微调，才能保证平稳悬停空中（图 18.5B）。

拥有超高飞行技巧的食蚜蝇，比人类发明的直升机还要灵活。

成虫和幼虫，食性大不同

和千万种昆虫一样，食蚜蝇的幼虫和成虫形态不同、身体结构不一，食性也完全两样。

食蚜蝇成虫早春出现，春夏季数量众多，喜欢在阳光下飞舞于花间草丛或芳香类植物周围，取食花粉和花蜜，其海绵状唇瓣能方便而快捷地舔吸花粉和花蜜。

图18.5　A 食蚜蝇悬停空中
　　　　 B 食蚜蝇速飞急停花上

145

食蚜蝇成虫取食几乎全靠植物的花。花粉和花蜜的营养对雌性成体食蚜蝇尤其重要（图18.6A）。研究发现，只有吃到充足的花粉和花蜜，其卵巢才能正常发育。足见食蚜蝇采集花粉和花蜜是为了自己生存和繁衍后代的需要。至于食蚜蝇光顾百花、享用美食的同时传播花粉，帮助植物异花授粉，只是它们不经意间自然活动的结果。

食蚜蝇幼虫吃什么？这和它们的父母完全不一样，而且其幼虫的食性比成虫复杂得多，有多种不同的选择。人们经常能够看见，它们爱吃也善于捕食蚜虫（图18.6B，C）、介壳虫、粉虱、叶蝉及蛾蝶类幼

图18.6
A 食蚜蝇成虫只吃花粉、花蜜
B 食蚜蝇幼虫爱捕食蚜虫
C 食蚜蝇幼虫捕食红蚜来了
D 夹竹桃蚜虫克星——食蚜蝇幼虫

虫等。一只食蚜蝇成熟幼虫化蛹前，要吃掉400多只蚜虫，真可谓大害虫蚜虫的"超级杀手"（图18.6D）。因此，这类食蚜蝇幼虫被人类专门用在大田、花园和温室中作为以虫治虫的有效"利器"。

昆虫及其幼虫的食物种类是和它们的口器类型相适合的。那些捕食性的食蚜蝇幼虫，嘴里有锐利的口钩，可抓住并穿透猎物外皮，吮吸其肉体汁液。另有些种类的幼虫却是植食性的，会钻入植物木质部，取食咀嚼植物的器官组织。还有些幼虫是腐食性的，以腐败的有机物、畜禽的粪便或死亡的动物尸体为食。要知道，不是所有的捕食性食蚜蝇幼虫都捕食害虫，有的也会捕食其他食蚜蝇幼虫或草蛉等有益昆虫。

图18.7 ‖ 雌食蚜蝇找蚜虫多的植物产卵

食蚜蝇的繁殖与生命周期

食蚜蝇雌虫对产卵地点有所选择，它们经常在密生蚜虫的叶片或茎部产卵（图18.7），以使自家幼虫孵化后即能得到充足的食料。有时雌食蚜蝇也产卵于灌木、树篱或其他动物的巢窝里。

每一代雌虫产卵50—100粒不等，从卵到成虫完成一个生命周期需20多天。食蚜蝇在我国南方暖热地区一年繁殖5—7代，北方温带地区一年繁殖4—5代，气候寒冷地区一年繁殖1—2代。

食蚜蝇属于完全变态昆虫（图18.8）。

食蚜蝇的卵白色，大小像米粒，经3—5天后即孵化。蛆虫状的幼虫破壳而出，幼虫的体色因种类不同而不同，乳白、绿色、棕色、黑色或半透明的都有。幼虫孵化出壳后，立即就能捕食附近的蚜虫。尽管幼虫柔软，无眼也无腿，但仍能非常有效地移动和定位猎物，前往捕食。

食蚜蝇的蛹外观奇特，棕色水滴状的蛹体长度可达10毫米，经常出现在叶片和枝条上，也有的幼虫到地面化蛹，最终蛹羽化为成虫。如果气候不适，某些种类的食蚜蝇有向南方迁移的现象。

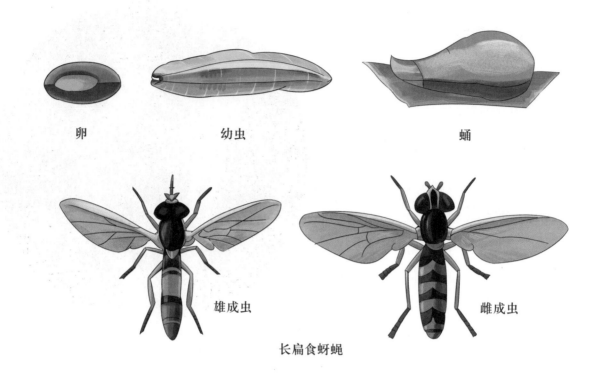

卵　　　　　　　　幼虫　　　　　　　　　　　　　　蛹

雄成虫　　　　　　　　　　雌成虫

长扁食蚜蝇

图18.8 ‖ 长扁食蚜蝇的四种虫态

　　冬季来临，大多数种类的食蚜蝇以幼虫或蛹的形态在土壤中、砾石下或枯枝落叶下休眠越冬，少数种类以成虫的形态越冬。

保护我们的食蚜蝇朋友

　　大多数情况下食蚜蝇捕食的为害虫，尤其可贵的是，食蚜蝇幼虫是春季较早出现的捕食性昆虫之一。它们可以被用于消灭春季滋生的桃蚜、苹果蚜等害虫，其生态价值和经济价值是显而易见的。

图18.9 ‖ 种花植草招引食蚜蝇

　　食蚜蝇特别喜欢伞形科植物，以及毛茛、野蒜、万寿菊、山楂、女贞、柳树等植物。栽种这些植物的地方，能成功吸引来有益的食蚜蝇。食蚜蝇成虫离不开鲜花（图 18.9），必须要有广泛多样和持久的鲜花供其采食，还要有灌木和树篱等为它们提供越冬场所和食物稀缺时的补充储备。

　　食蚜蝇（尤其幼虫）对杀虫剂非常敏感，应避免使用杀虫剂。

　　寄生蜂、木蜂是食蚜蝇重要的天敌，鸟类、蜥蜴、蜻蜓、螳螂等掠食动物也能灭掉它们。还有，人们经常将它们误认为是黄蜂并杀死它们。

19

水膜上的速滑者——水黾

　　"环境造就动物，有什么样的环境就有什么样的动物。"这是表述环境与动物密切关系的一句至理真言。那么，有人可能会问，在静水水面那层薄薄的水膜上能有动物生活吗，能造就特殊的水膜动物吗？是的，没错！你可曾注意到，在水面与空气交界的一层极薄的水膜上，生活着一类极其特殊的水膜动物，又称水面动物。它们是世界各地淡水水面习见的水黾，雅号"水上漂"。它们就以这层极薄的水膜作为生存环境，作为生活的舞台，演绎着它们奇特的生命华章。

　　现在我们就来看看水黾长什么样，它们是如何令人难以置信地在水面薄膜上生存和繁衍的！

水黾长什么样

　　水黾属于半翅目黾蝽科，又称黾蝽，也叫水蚊子、水蛆子、水蜘蛛。它们像蚊子、蛆子那样，有一张善于刺吸其他动物体液的尖嘴。它们和蜘蛛并无关系，长相也完全不同，不过其习性像蜘蛛，也是凶猛的捕食者。水黾是地道的水生昆虫。

　　水黾身体细长、呈流线型，体长因种类而不同可长到8—22毫米。水黾体色大多为黑褐色，有的种类水黾完全无翅（图19.1A），有的翅膀发育不全，也有的双翅发育正

图19.1 ∥ A 无翅型水黾

150

常，能飞行（图19.1B），但有翅型水
黾比较罕见。

　　水黾前足较短，靠近口部，适
于捕捉猎物，方便将食物送入口中；
中足和后足很长，向外伸开，用来
划水和跳跃。水黾无单眼，一对位于
头部两侧的复眼又大又明亮，视力极好
（图19.2），可以帮助水黾精准捕捉猎物。
水黾腿部密密生长有无数油性刚毛，其身体腹
面覆盖一层极细密的银白色丝绒状短毛，这些都起到高
效防水作用。（图19.3A，B）

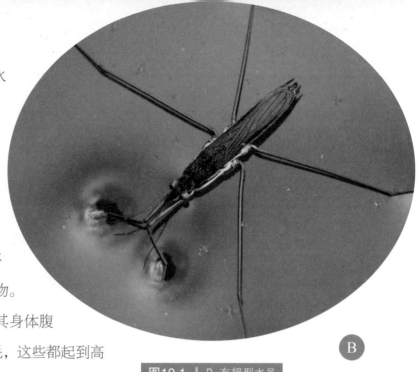

B

图19.1 ‖ B 有翅型水黾

　　可以说，水黾的身体完全为适应水膜上的生活而打造。
它们成天在水面上滑来滑去，但实际上，水打不湿它们的
身体。地球上凡有静水或缓流水面能够形成水膜的地方，
包括湖泊、水库、水田、坑塘甚至小池塘，都有水黾在水
面上活动。

水黾怎样在水膜上行走

　　绝大多数种类动物，包括昆虫都无法在水膜上停留，
更遑论在水膜上行走，而水黾不仅能够轻盈地立足水膜上，
更能来去自由、快速掠过水面，因此雅号"水上漂"实至名归。

　　水黾之所以能够"水上漂"，不是身体轻盈的缘故，
其腿部刚毛特殊的微纳米结构才是真正有效的装备。研究
人员借助显微镜发现，水黾的足部数以万计同向排列的多
层微米级的刚毛，每根直径不足 3 微米，在足表面形成螺
旋状沟槽，吸附在沟槽中的气泡形成气垫，因而使水黾能

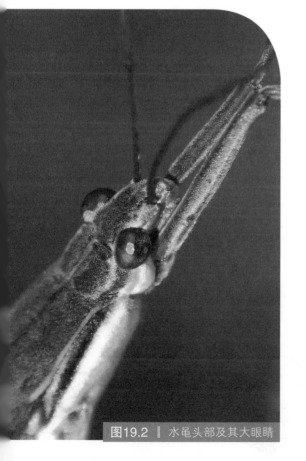

图19.2 ‖ 水黾头部及其大眼睛

151

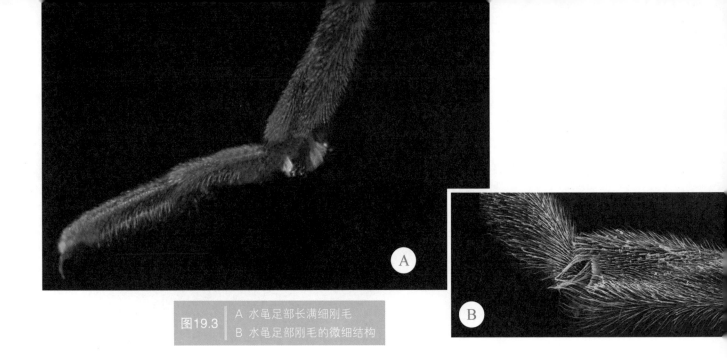

图19.3 | A 水黾足部长满细刚毛
B 水黾足部刚毛的微细结构

在水面上立足和自由地穿梭滑行，身体和腿都不会被水打湿（图 19.4A）。水黾的长腿浮力很大，可以支撑虫体 15 倍的重量而不会下沉，超强的负载力使得水黾在水膜上行动自如。即使狂风暴雨、水花飞溅，水黾也依然可以漂浮着。

水黾在水膜上滑行主要靠超长的中足当桨（图 19.4B），后腿提供额外的动力，也起转向和"刹车"的作用。其滑行速度非常之快，每秒滑行距离约为其体长的 100 倍，即每秒可滑行 1—1.5 米。这比最快的冰上速滑运动员还快，简直就是在水膜上飞来飞去！

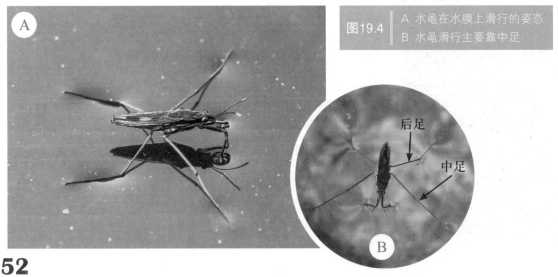

图19.4 | A 水黾在水膜上滑行的姿态
B 水黾滑行主要靠中足

后足

中足

水黾是高效的捕食者

　　仅仅能漂和能在水面滑行是不够的，水黾最重要的本领是要从滑溜溜如同冰面的水膜上捉住猎物，吃饱喝足；还能灵活、快速地运动，以逃避敌害。水黾是高效的捕食者，善于用它那对短而强壮的前腿迅速抓住小昆虫（图19.5A），然后用口器刺穿猎物的身体，吸出它的汁液（图19.5B）。它们是特别能捕食蚊子幼虫（孑孓）的昆虫。因为蚊子幼虫必须穿过水面进行呼吸，所以水黾恰好能抓住它们。

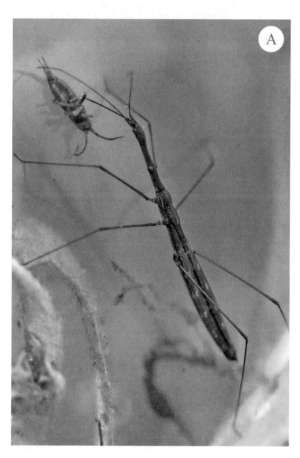

图19.5　A　水黾用前足捕虫
　　　　　B　水黾正在刺吸享用美食

153

水黾以落在水面上的其他活虫、死虫或动物的碎屑等为食。水膜既是水黾立足谋生的场所，也是获取有关周围环境信息的平台。人们只要稍微留神，就会发现水黾对水面的动静十分敏感，即便一两滴水落到水面上，水黾也会急忙逃避。

为什么水黾的感觉这么灵敏呢？因为它们的足关节间有灵敏的微型振动感受器，刚毛上也有许多感受细胞，能巧妙地感受到水面上的轻微波动。对于水黾这种水生昆虫来说，感受四周的动静对生存至关重要，因为无论是送到面前的美食，还是猛扑过来的天敌，都会引起水面的波动。如果水的涟漪小，那就是猎物，它们就会冲过来捕食（图19.6A）；如果水的涟漪大，来者可能是天敌，它们就会避开。在遇敌追赶的紧急情况下，水黾能从水膜上大力弹起，高跳或远跳30—40厘米，以此避险逃生。

水黾是有益的掠食性水生昆虫，尽管往往成群聚集在水面上，数量很多（图19.6B），但是它们对人类、对水生植物和养殖业并无害处。反过来，鱼类、两栖类动物、鸟类、龟鳖和比水黾更凶的其他水生昆虫都可能捕食水黾。有水黾生活的淡水水域，会吸引更多的水生动物物种前来生活或定居，形成一个多样性较强的自然生态水体。

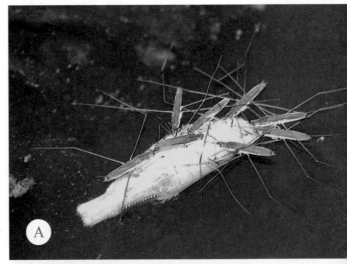

图19.6　A　一群水黾围住吸食死鱼
　　　　　B　成群生活的水黾

雌、雄水黾如何互通信息

雌、雄水黾之间怎样互相联络?

动物学家威尔考克斯教授通过观察得知:一只雄水黾用两只前足有节奏地叩击水面,平静的水面顿时微波泛起,向四周扩散,引得一只雌水黾向它游去。雌雄水黾联络及配对时是易受天敌侵害的危险时刻。

威尔考克斯教授还通过研究证实:原来雄水黾叩击水面是在向异性发出联络信号。雄水黾发给雌水黾的信号振动水面的频率从每秒 25 次开始,逐渐减到每秒 10—17 次结束,这是寻求配偶有规律的信号。雌水黾收到求偶信号后,通常会以每秒振动水面 22—25 次的信号回复对方。小小昆虫水黾一旦结成伴侣,整个繁殖季节都会形影不离(图 19.7)。

据此,威尔考克斯教授认为,水黾的联络方式有点像人们收发电报,雌雄水黾的配合非常默契。

水黾之间的信号还能传递其他信息。例如,当雌水黾在水面漂浮的树叶或杂草上产卵时,在一旁警戒的雄水黾发现有别的雄水黾游过来,便以每秒振动 30 次的频率发出紧急信号,告诫对方:不准靠近!如果对方一意孤行,继续滑行过来,那么两只雄水黾的格斗就会开始。

通过深入的分析和研究,威尔考克斯教授成功地破译了水黾联络信号的"密码"。他制作了

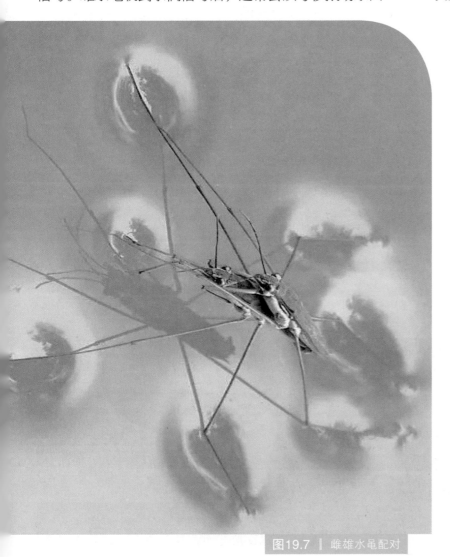

图19.7 | 雌雄水黾配对

155

一个小型电子仪器，安装在池塘里，用岸上的无线电仪器遥控，模仿雄水黾发出的信号，结果引得不少雌水黾上当受骗，"应约"而来。

水黾的生命周期

交配后雌水黾把卵黏附在水滨或水中植物的叶片、茎秆、岩石等相对稳固物体的表面上（图19.8）。半透明的卵在水草上整齐排列，看起来十分可爱，复眼在卵内便已清晰可见（图19.9A）。孵化期的长短随水温高低而不同，卵在25℃左右约需两周就孵化。幼虫形态与成虫类似，称为若虫，天生便能划水，孵化后先沉入水底，不久即浮向水面，随其他个体活动（图19.9B），在水面上活动速度很快，经历5个龄期，经一个月左右发育为成虫。

图19.8 ┃ 水黾在半沉水中的叶片上产卵

图19.9 A 产下1周的水黾卵
B 水黾正在刺吸享用美食

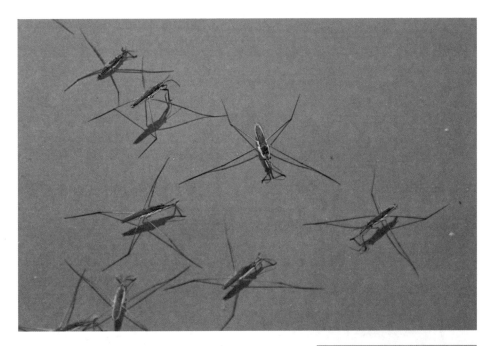

水黾通常可活到栖居的水域结冰。成虫死亡，一些卵安全越冬，第二年春天越冬卵孵化，新一代幼虫出生。如果水域不发生冻结，通常一只水黾能够活一年。

北半球水黾的越冬卵通常在次年春末夏初时孵化，经一两个月成虫就可能出现。雌性成虫的体形大约是雄性成虫的两倍。

水黾可能从你身边飞过

许多漂泊鸟类有不同长度的翅膀，这取决于栖息地的条件。有翅型及无翅型的水黾表现出多态性，这是长期进化的结果，也是水黾适应不断变化的水域环境和栖息地条件的结果。

如果原先部分的水黾生活在小面积湿地中，旱季温度上升，栖息地很可能会消失，触发了萌发翅的机制。因此，后代发展翅的变异基因就会积累起来，遗传给后代，让它们能够飞离干旱之地。如果水域湿地面积广阔，长年水量丰沛，生活在那里的水黾不需要有翅迁飞，无翅型个体生活得更好，就不会触发萌发翅的机制。因为拥有双翅以及飞翔需要消耗更多的能量，这对水黾没有任何好处。

在水库、坑塘、小池塘，甚至只是小小水坑，只要里面填满淡水，成年的水黾就会在某一天突然光临。把这里变成群居的新家园。如果栖息地不能持续保有良好的水面环境，水黾会逐渐消失，它们的下一代有能力寻找新领域。水黾这类水生昆虫如何被远方新栖息地的水面吸引，前往定居，繁荣种群？水黾爬上叶片，很可能是为了方便起飞（图19.11）。住在北半球的人们应该能够感觉到，可能有很多水黾在身边飞来飞去，在寻找新的水域呢。

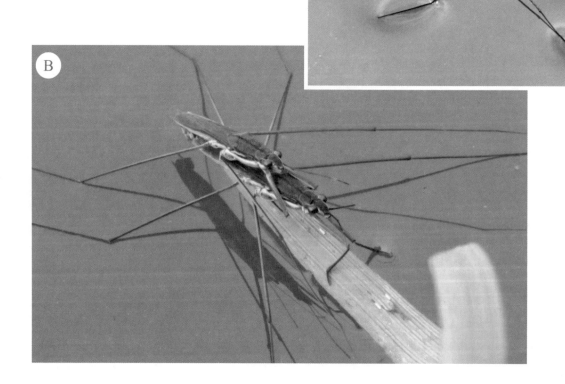

图19.11　A 水膜——水黾的家园
　　　　　B 水黾借助浮叶产卵或起飞

20

☑ 昆虫消消乐
☑ 飞虫小百科
☑ 科普资讯集
☑ 观察云日记

最长寿的传奇昆虫——十七年蝉

图20.1 ‖ 十七年蝉成虫

蝉类家族可谓兴盛，全球已知有记录的蝉大约3000种，亚洲、欧洲、大洋洲、非洲、美洲都分布有它们的代表种。不同种类的蝉寿命长短不一，普通蝉的生命周期为3—9年，唯独在北美洲生活有寿命长达17年的蝉，名字也自然就叫作"十七年蝉"。和寿命只有一年或更短的绝大多数种类昆虫相比，生命周期为3年的蝉已属高寿，至于十七年蝉，既是地球上最长寿，也是数量最庞大，同时鸣唱声音最惊天动地，最富有传奇色彩的昆虫。

十七年蝉什么样

科学家研究得知，十七年蝉共有7种，成虫体长2.4—3.3厘米，胸背部黑色，一双红色发光的眼睛位于头部两侧，刚毛状的触角短而细，口器类似蟋类，是细长刺吸式口器（图20.1）。十七年蝉在若虫阶段的口器被用来吸取树木地下根部的水分、矿物质和碳水化合物；在成年阶段，口器用来从植物茎中获取营养和水。

159

十七年蝉的整个若虫阶段无翅，一对前足特别强大有力，适于挖土栖居地下。它的长翅在羽化为成体蝉时才完全长成，翅膜质半透明，有明显的橙色翅脉。

十七年蝉成虫来自何方

十七年蝉成虫是由 5 龄若虫（最高龄期成熟幼虫）羽化而来的，而 5 龄若虫是由地下破土而出来到地面的。北美洲东部落叶阔叶林区的 4 月底到 6 月初，当环境温度适宜时便会同时大量出现十七年蝉成熟的 5 龄若虫，其形态接近成虫，不过胸部只有翅芽，还没有能飞翔的翅（图 20.2）。

若虫出土前深居地下、无影无踪，人们觉察不到它们的存在。在地下隐居 17 个年头后，当春日的阳光照暖大地，

图20.2 ‖ 十七年蝉高龄若虫

土壤温度逐渐升高，若虫开始从它们栖居地下向地表挖掘隧道。地洞口周围的泥土会堆积起来，呈小圆圈状高出地面。等到土壤温度达到 18℃时，若虫趁黑夜纷纷爬出地面。接着它们可能会在附近草类、灌木上蜕皮羽化（图 20.3），或者爬上几米甚至二三十米高的树干、建筑物墙壁、电线杆、栅栏柱等处所，找到合适的垂直表面固定自己，经历最后一次蜕皮，完成成年的蜕变。

图20.3 ‖ 大批成熟若虫爬上树去羽化

图20.4　A　正在蜕皮羽化
　　　　　B　成批若虫羽化为成虫

图20.5 ‖ 十七年蝉的蝉蜕盖满地面

　　刚从最后一次蜕皮中出来的成虫，身体是白色的（图20.4A），但一小时后体色就会变深变黑，双翅伸展张开，然后在树上待几天，等待翅和外骨骼完全硬化（图20.4B）。

　　令人惊奇不已的是，短时间内出土若虫的数量极多，每平方米可能多达370只。有人估计，整个十七年蝉的总数超过沙漠蝗，可能达到数千万甚至上亿只（图20.5）。

161

图20.6 ┃ 雄蝉的发音器

羽化后能飞的成体蝉处于十七年蝉一生中最活跃的时期，它们也是在这时进行繁衍。几乎所有蝉类的求偶都靠雄蝉的鸣声，十七年蝉也是如此。在其第1、2腹节处音盖下方有发达的发音器（图20.6），借助内部配套的鸣唱肌的快速振动，发出尖锐响亮的鸣声。而雌蝉的发音器构造不完全，因而不能发声。繁殖期的雄性十七年蝉特别喜欢"集体大合唱"，以至于鸣声震耳欲聋。在其附近地区的鸣叫声波可能达到100分贝，接近大型摇滚音乐会或喷气发动机发出的声音。这种"吱哇吱哇"的喧嚣声可能延续3周，直到繁殖期结束。

大批十七年蝉的雄蝉齐声高歌欢唱，吸引雌蝉们纷纷前来寻找各自中意的配偶。当两性个体接近时，雌蝉频繁抖动双翅，给选中的雄蝉示意，雄蝉则改唱另一种求爱歌曲迎接雌蝉（图20.7）。大合唱活动在大白天热烈举行。依仗数量优势，十七年蝉丝毫不顾忌会引来什么天敌，喧嚣声直到晚上才渐渐消停。

雄蝉的生命交配后无例外地到了尽头，怀有受精卵的雌蝉则选择树木幼枝，用口器把树皮切割出裂缝，在每个缝隙处产下大约20个卵。一只雌蝉总共可能产600粒或更多的卵。产卵后雌蝉也相继死去。由此可见，十七年蝉出土后在地面上的所有活动，完全围绕繁殖后代这件大事在进行，任务完成以后，蝉的生命也就终结了。

图20.7 ┃ 十七年蝉找配偶

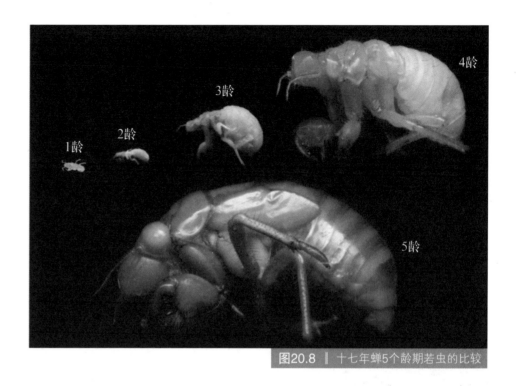

图20.8 ‖ 十七年蝉5个龄期若虫的比较

十七年蝉若虫的地下生活

雌蝉产下的受精卵经过 6—10 周开始孵化，幼小若虫纷纷从树木上落到地面，随即用它们那对挖掘前足就地挖洞钻入土中，从此开始了长达 17 年的"暗无天日"的地下生活。稚嫩的低龄若虫寻找幼嫩的根尖获取少量营养，待稍大些继续往地下移动。身体更大了，它们会钻进更深的土层，寻找树木主根，将口器扎入木质部，吸取树汁。

十七年蝉生命周期中的绝大部分时间是在地下度过的，出现在地面上的时间其实只有几周到几个月。

值得强调的是，十七年蝉的地下生活并非不吃不动的"休眠"或"蛰伏"。若虫生活的土层，通常在离地表 60 厘米以内，它们以刺吸植物根部的汁液为食，在地下不断生长发育，经历 4 次蜕皮，达到 5 龄阶段。从不起眼的 1 龄若虫变成老熟的 5 龄若虫，体积增大了数百倍（图20.8）。尽管这个变化过程长达 17 年，但它们在黑暗的地下，安然过着自己独特的生活。

研究者指出，十七年蝉若虫无法从所刺吸的木质部液体中获得生命所有必需的氨基酸和维生素，而是依赖于体内的共生细菌为其提供这些必需的营养。可以说，共生细菌是十七年蝉的生命共同体。

163

生存对策与天敌

在北美东部从南到北的不同区域,每年都会有十七年蝉出土。它们属于不同的种类或同种的不同群,出现的周期固定为 17 年,其中有些群每 13 年出现一次。因此,每隔 13 年和 17 年有规律按时出现的蝉,人们又称它们为周期蝉。

科学家认为,十七年蝉本身无毒,也不会释放有毒物质,没有抗御天敌的武器。而演化出如此漫长而隐秘的生命周期,使它们得以避免天敌侵害,保障种群延续。这种奇特的生活方式是利于基因传递的安全有效的生存模式。巨大数量和同期出现是应对天敌的最好对策。大量个体同期出现使得多种天敌,如鸟类、蜥蜴和哺乳动物等只能吃掉它们当中的小部分;而不同的群体错开年份出土繁殖,更加确保有足够的周期蝉个体存活以延续后代。

图20.9 │ 僵尸蝉

164

值得注意的是，十七年蝉的天敌不单有陆地生活的众多捕食者，还有一类专门感染它们的真菌。这类真菌已经几乎与十七年蝉的生命周期同步了。当若虫还在地底下吸食植物根部汁液时，这类真菌已潜伏在树根附近。当 5 龄若虫破土而出时，便遭到真菌病原体的感染。若虫羽化为成体蝉，真菌在其体内快速繁殖，一些成年十七年蝉的腹部后端被成团的菌丝和孢子侵害，导致不育。而携带大量真菌孢子的病蝉还会继续寻求配偶，实质上帮助真菌大量扩散传播，直到最终死亡。这种腹部严重病变的十七年蝉被称为"僵尸蝉"（图 20.9）。

尽管真菌爆发感染致使大批十七年蝉死亡，但这类蝉的数量实在太多了。庞大的个体数量，保障十七年蝉到下一个周期来临，照样有数以亿计的个体来诞生。

扫码进入

奇趣昆虫秘境

探索奥妙，快乐求知

昆虫消消乐
昆虫趣味挑战赛
检测你的知识量

飞虫小百科
常见虫类科普
感受神奇微观世界

科普资讯集
看昆虫变形记
寻找伪装的虫虫

观察云日记
记录身边的虫类
身影与探索发现